池宝嘉　著

判断

北京工艺美术出版社

作者简介

池宝嘉，微信名“昆秀神”，中国玉文化学者。新疆历代和阗玉博物馆馆长，《中国珠宝玉器金皮书·中国和田玉市场年度报告》主编，《中国和田玉》主编。研究领域为和田玉历史文化与价值，对和田玉材具有准确深刻的分析能力，擅长珍品创意与材料的深度利用，其对和田玉价值判断的研究在中国玉界具有广泛影响。

导言

了解和田玉系统知识的三个层次

玉之本质是石。《说文解字》指出：“玉，石之美。”诠释了玉在石中的美感特性，在世界名目繁多的玉石品种中，产自中国新疆昆仑山深处的和田玉因其内质与外观之独特品性而最为珍贵，最受崇爱。中华民族的祖先经过上万年的漫长岁月，方完成对这种大地珍品的认识和理解。

和田玉是中华民族的心灵之友，是中华民族精神文明与物质文明的载体。但是，并非每一位玉友都对和田玉的知识有着清晰准确的认知,许多玉友停留在爱玉而非懂玉的初级阶段。

本书是一本全面介绍和分析和田玉相关知识的专业书籍，旨在为喜爱和田玉的朋友打开一道价值判断与科学收藏之门。

玉友们可以利用本书建立一个全面的玉石知识体系,这个体系可以帮助玉友掌握和田玉的系统知识，从而像地图一样，给玉友以指导，少走弯路。

很多玉友以大量的亲身经历告诉我们，对玉石知识零散地学习，周期会很漫长，从爱玉而不懂玉到可以利用相关知识来赏玉藏玉，这个周期短则一两年，长则三五年。并且，在此过程中难免有玉友吃亏上当。本书的知识体系力求完备严谨，可以让玉友对和田玉知识有清晰的认知。

建立知识体系并不困难。本书每一章节，已经为读者总结提炼了框架，可以有效帮助读者梳理知识点，从而提升学习效率。如果读者时间充足，还可以对框架进行更加详细的补充，这样能更好地掌握相关知识，做到了然于心。本书还为读者绘制了一系列框架知识图，让读者一目了然，快速有效地掌握玉石文化知识。

在本书的知识体系里，分为三个层次。

第一个层次是文化层。

和田玉是中国传统文化的载体，有着深厚的文化底蕴。

和田玉在古代是人神相通的圣物，亦是贵人和君子的象征，尤其受到儒家的推崇，被赋予玉德。

玉德亦是一种文化和修养，是高尚情操的体现，对它的深入理解，有助于和田玉文化艺术的赏析，提升审美品位。

第二个层次是知识层。

了解和田玉的一些属性，并利用这些属性对玉石进行研判，从而达到避免上当的目的。举个例子，和田玉的温润是其重要属性之一，如果有人说和田玉越透越好，那就是与其温润属性不相符，由此可以判断此语有误导之嫌。知识层，属于和田玉文化入门之必经层次，是基本功，需要踏实学习和掌握，对日后收藏赏玉帮助甚大。

第三个层次是收藏层。

全面学习掌握了和田玉的基础知识，就可以向收藏层迈进。收藏层不同于知识层，知识层着重于客观知识，而收藏层的知识要有大量主观思维做判断。收藏的目的无论是收藏传世还是保值升值，都要进行预判。预判主要包含两个方面，一是自然升值的预判；另外是人为升值的预判。

自然升值的预判，这里主要是指通过对原材料产状、质地、色种、色皮等的综合甄选，并根据历史收藏的发展规律，找出升值空间较大的料种，进行收藏。比如近年玉友对皮色子料的追捧就远远多于对光白子料的追捧。由此可以推断皮色子料将来的升值空间较大。人为升值的预判，则主要指玉友通过对材料的解读，对工艺、创意的解读，后期采用一定方式，让原石价值得到更大提升。比如说一块璞玉原石里面是否能出好玉，这是一种人为价值判断，有一定的赌性，需要借助经验方能实现。再比如购买一块青白玉子料，通过何种工艺雕琢，能让玉石提色，让子料价值最大化，这也需要一种预判。人为升值预判，受玉友的眼光和经验影响甚大，其中人为可控因素较大。

准确判断和田玉的价值，科学收藏，便可获得真正的珍品和应有的投资效益。

池宝嘉

2017年3月18日

目　录

第二单元　和田玉的价值判断

第一单元
和田玉的历史与玉材特性

一、中华民族的文化精华

1. 人神共舞的绝唱

从距今 70 ~ 20 万年前“北京人”在花岗岩山坡上寻找坚硬的美石打制工具开始，直到旧石器时代晚期至新石器时代，居住在今中国东北、西南及台湾等地的原始部落使用玛瑙、当地玉石、水晶及透闪石等材料，各自逐渐发展成完善的原始用玉体系，在特定的时空内又互相影响。即使进入文明时期，这个发展过程仍未结束，只是对象与形式的选择有了很大变化，由最初多对象的筛选变成了对东北的珣玗琪、东南的瑶琨和西北的球琳三大玉材的筛选，最终确定西北的球琳美玉即后来我们所说的和田玉为玉材精英，成为历代皇家用玉并在玉界独占鳌头。

出土于兴隆洼文化的玉斧，查海文化的玉刀、玉球距今 8000 年，其工艺既有原始性，又有先进性，此前，应有一个更为古老的原始工艺阶段，时间上溯一二千年不算过分。所以，我国玉文化研究学者提出中国拥有万年玉文化史，并认为和田玉独领风骚的过程是玉石优胜劣汰的过程。

我们说，和田玉材质独特而优良，从结构分析主要表现为矿物结构细密，一般在 0.01 毫米以内；矿物形态主要为隐晶及微晶纤维柱状；矿物的排列组合呈毛毡状结构，均匀而无定向地密集分布，在偏光显微镜下无法分清其轮廓。矿物学的分析有助于我们了解和田玉温润晶莹、坚韧细密的质地之美，这源于它的结构特点。和田玉这种半透明状态具有深刻的内蕴，它的润泽如美人之肌肤，光滑而有弹性，它细密坚硬而有韧性，适合雕琢任何精细工艺。这就是中国先民及后人认定的玉材精英。

玉文化产生于汉字尚未出现的几千年之前，当时玉器的产生与使用与原始先民的精神生活与物质生活密切相关。玉器是原始社会的通灵之物，它伴随着先民在崇山峻岭之中的唱歌、跳舞、占卜等精神生活而产生，用来传递信念、祈福敬神，参与部落之间的交流与善意表达。这是中国远古文化的重要组成部分。

史前的玉文化时期对材质的宽容度很高，在相当长的时期，玉是一种信物和神物，是一种情感表达的工具。当时的先民对自己生存的环境中许多自然现象无力解释，如雷电与暴雨，洪水与山崩等。神秘的自然现象使先民对世界充满敬畏，认为上天的神祇在主宰万物。

当时尊神敬神是人类生活中的一种神圣活动。这种活动中礼仪的核心载体是玉。以玉敬神是有考古物证的。

红山文化玉器的神秘之美来自先民对大自然的观察和对上天的敬畏；良渚文化玉器的纹饰之美来自先民对均衡、对称、线条与布局的认识；齐家文化玉器在继承红山文化和良渚文化的基础上，与中原夏代玉器风格多有相似，在形制、表现内容、工艺诸多方面又呈现出独特的审美。它和同一地域的马家窑陶器风格迥然相异。显然，来自中原的玉文化更能得到齐家人的认同，中原玉文化的精神和器型之美更能融入齐家人的内心世界。

▲ 红山文化玉器

在物质生活日渐丰富的新石器时代晚期，先民们越来越强烈地追求享受美景、美物和美食。齐家文化玉器中雕琢的日月星辰与山水景物以及神人神兽均表现得十分清晰。

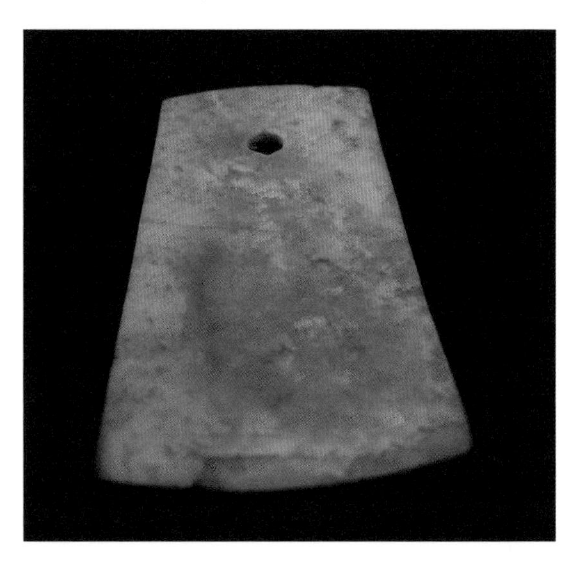

▲ 齐家文化玉斧

古人对天象之美、山川之美、物体之美的崇拜和追求不限于上天与自然，对大地精华的认识也不断深化。旧石器时代，先民们发现了自己生活地区的周边散落着许多晶莹之石，到新石器时代，则对这种美石的认知不断升华，上升到“玉”的概念。

2. 传承大量美好的故事

在中国历史上，各个阶层的人们，对和田美玉都是情有独钟。上层社会讲“君子比德于玉”，讲“玉有五德”。下层民众虽然限于等级不能像上层社会那样

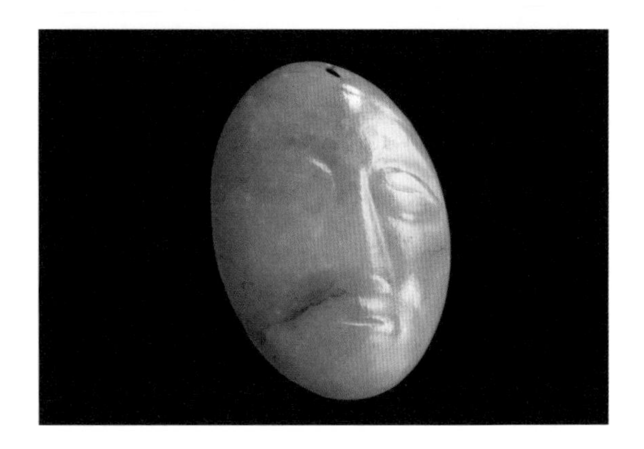

▲ 新石器时代玉器

讲究佩玉，但仍是喜欢美玉。《诗经·卫风》里写道："投我以木瓜，报之以琼琚。"琼琚即是美玉。《诗经·卫风》里说："有匪君子，如切如磋，如琢如磨……如金如锡，如圭如璧。"这是说文采焕发的君子，如琢磨的玉器一般俊美，精神如金锡，品格如圭璧。三千多年前的《诗经》，有很多描写美玉的诗句。《诗经·郑风》里写道："有女同车，颜如舜华。将翱将翔，佩玉琼琚。彼美孟姜，洵美且都。有女同行，颜如舜英。将翱将翔，佩玉将将。彼美孟姜，德音不忘。"《诗经》里还有"言念君子，温其如玉"的千古名句。那个年代的诗歌，表现了各个民族的生活习俗和道德准则，以及对美玉如此相同的喜爱。

在中国历史上，没有一种天然矿物能够承载上至神仙帝王，下至君子的无数曲折故事。只有和田玉才能融入如此丰富的文化内涵。

现列举世人熟知的几个故事：

和氏璧

春秋战国时期，诸侯并立，群雄四起，各国君王均以搜集展示天下奇珍为荣。楚国平民卞和寻得一块石头，断定是一块罕见的璞玉，如剖开定能雕成稀世珍品，遂进宫献给楚厉王。厉王的玉匠说这是一块普通的石头，于是卞和因欺君之罪被砍了左脚。楚武王继位后，卞和再次进宫献宝，仍被误会，又被砍去了右脚。直到楚文王即位，一次出巡路过荆山，见失去双脚的卞和在山脚下抱石而泣，双眼出血。便派人询问："天下被断足的人很多，你为何这

▲ 卞和献玉

么伤心？”卞和回答：“我并非因双脚被先王砍去而哭，而是哭这块难得的宝玉被说成石头。”文王大惊，当即带石而归，剖开查验，果然内部为洁白润泽、细密坚韧的美玉。文王感叹不已，命工匠制成一件精美绝伦的玉璧，命名为“和氏璧”，以肯定卞和的慧眼识宝之功。此璧成为绝世珍宝。据考证，楚地自古不产玉，这块美玉产于荆山证据不足。最可靠的是《韩非子·和氏璧》记载，“观其璞而得宝”。明代科学家宋应星也认为这是“璞中之玉”。而和田玉子料才会有皮色和石璞，这应该是玉石之路开通后从西域输往中原的和田玉子料。

周天子会西王母

古籍《穆天子传》记载周天子周穆王十七年，他乘八骏之辇亲驾西巡昆仑山，会见西王母部落的酋长王母。这是继公元前 2247 年西王母向舜帝敬献西域地图之后，中原帝王一次极为盛大的出访活动，受到西王母隆重的欢迎。西王母在“瑶池”之滨盛宴款待远道而来的穆天子一行。他们在轻歌曼舞中互相敬酒吟诗唱和，互道倾慕之情和美好祝愿。西王母吟唱：“白云在天，丘陵自出；道里悠远，山川间之；将子无死，尚能复来。”周穆王愉快地接受了邀请，举杯回答：“予归东土，和治诸夏；万民平均，吾顾见汝；比及三年，将复而野”。这是一段中原王朝与西域部落友好交往的千古绝唱。此刻，周穆王考察了西王母部落的琢玉技艺，赠送了中原的黄金、海贝等珍贵礼品，西王母回赠了上万件西域美玉，令阅尽天下珍宝的周穆王爱不释手。

▲ 周穆王会见西王母

完璧归赵

这讲的是和氏璧到了赵国，各国君王都垂涎欲滴。秦昭王骗赵王说要以 15 座城池相换，赵国大臣蔺相如带璧前往，发现秦王毫无诚信，蔺相如以生命相拼保护宝物，终于完璧归赵。这是一个和田美玉在刀光剑影中完成外交使命的故事，也是中国玉文化史中诚信、正义与智慧交集的灿烂篇章。

鸿门宴

这个故事说的是秦末项羽与刘邦在秦朝都城咸阳郊外的鸿门约见。项羽谋士范增拟在鸿门设宴诱杀刘邦，以绝后患。范增与项羽约定，以举起自己手中把玩的玉玦作为杀人信号。后因项羽的迟疑和楚营中和平派项伯起身舞剑掩护刘邦，汉军猛将樊哙持剑执盾闯入帐内保驾，手持玉玦的范增无计可施，刘邦脱险。一块精美的玉玦差点改变了中国历史。由此也可看出玉文化中的“仁、义、智、勇、洁”等人文精神。

还有许多故事：如《红楼梦》中贾宝玉衔玉而生，这块美玉被视为“通灵宝玉”。贾宝玉因此而得名。

▲ 历史典故

南北朝时期元景皓在东魏的孝静帝被丞相高洋篡位后，面对利诱说道“大丈夫宁为玉碎，不能瓦全”。此言成为中华民族仁人志士修身养性的行为准则，对后世产生重大影响。

三国时期关羽被困麦城时，面对劝降正色说道：“……玉可碎而不可改其白……”拒绝卖身求荣，最后以身殉国。

北宋大文学家苏东坡与其弟苏辙情谊深长，在久未谋面之时，托人将自己珍爱的玉腰带赠送苏辙，并在怀念中写下《水调歌头》，成为玉带传情、以诗寄情的千古佳话。

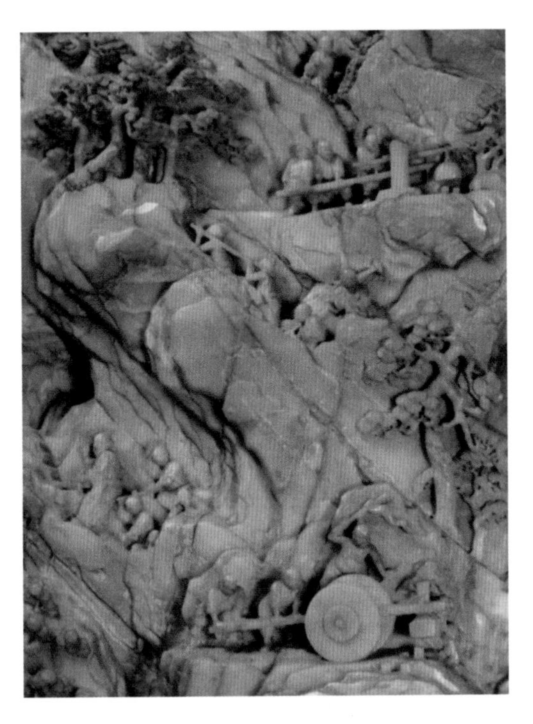

▲ 大禹治水

春秋初年，齐国的公孙白在王位争夺中被管仲射伤，幸亏利箭射中腰间带钩而保命，他倒地装死，之后快马赶到国都登上王位，这就是后来的齐恒公。齐恒公不记一箭之仇，后来任命管仲为相国，巩固了其中原霸主地位，这又是一段佳话。

北宋末年，宋高宗赵构在金兵进攻下逃离京城，在水中丢失心爱的小玉印。多年后，一位书生在江边买得一条鲤鱼，发现腹中有玉，便随身携带，后来书生入朝为官，被宋高宗无意中发现此玉。这讲的便是“玉有缘”的故事。

还有玉器治病美容的故事，皇帝痴迷和田美玉的故事，西域先民深山采玉和裸女河中寻玉的故事，美玉护宅的故事，以及美玉破身救主的故事，等等。

3. 品德高尚的象征

和田玉成为影响深远的国粹珍品，除了材质珍稀优良而得到中华民族的认知和理解，另一个重要因素是自古以来，它的内质与外观即呈现出东方儒家君子的精神品位。具有这种特质，它才能当之无愧地成为恒久信念、高尚圣洁、美好富贵的象征，成为人类漫长的文明史中延续几千年之久而从未中断的物质文化。

这是一种独特的文化现象。新石器时期，玉因其独特之美而成为宗教仪式中代表人类与上天沟通的大礼。到春秋时期，和田玉已成为群玉之王，它的价值观产生了重要变化。儒家将其文化特征输入了道德内涵，对应玉的表里特质，确定了“十一德”“九德”之说。儒家文化确立“玉德”，是对中国玉文化的重要贡献，与中华民族的道德观相联系。孔夫子在回答学生的请教时即说：“夫昔者君子比德于玉焉。”又说：“《诗》云：言念君子，温其如玉，故君子贵之也。”当时，孔夫子的玉德观并未提及玉石的色彩，他认为玉的品位在内质而不在外表，和君子一样。所以，汉代以前，白玉和青玉的地位相同，儒家讲究“首德次符”这是理论依据。

▲ 清代

时至东汉，许慎在《说文解字》中概括了历史传统与儒家观点，首次提出了玉的完整概念和定义，这就是玉的“五德”，即“仁、义、智、勇、洁”。简释如下：

润泽以温，仁之方也；

䚡理自外，可以知中，义之方也；

其声舒扬，专以远闻，智之方也；

不挠而折，勇之方也；

锐廉而不忮，洁之方也。

“五德”之说与孔子的观点是基本一致的，更为精练地总结出儒家君子应有的品性，以此规范君子的言行举止。如性格温和，是仁慈的表现；表里如一，是义的表现；声音悠扬传播四方是智慧的表现；宁折不弯是勇的表现；有思想但不伤人是正直纯洁的表现。

时至今日，这种精神品位仍是正人君子所推崇的，它代表了高尚人群的主流价值观。

▲ 齐家文化玉琮

4. 社会生活中至善至美的体现

和田玉本是大自然生成的天然矿物，但它的外观与内质之优良受到了华夏大地各个民族人民的喜爱，得到历朝历代人们共同的推崇。

首先发现和田玉之美的应是生活在昆仑山北坡和塔里木盆地南缘一带的古羌人，也就是《穆天子传》中描写的以“西王母”为首领的古羌人母系氏族部落。

根据《竹书纪年》《尚书》等古文献记载，西王母曾向黄帝、帝舜贡献玉环等玉器，这可说明西王母部落对和田玉是宝物有着清晰的认知。从玉石之路的形成，也可知道古老的先民长途跋涉到达昆仑山北坡的河流沿岸寻玉和购玉，这并非一个民族的喜好而是各民族的共同认知。《穆天子传》中记载了穆天子在昆仑山一带获得“玉荣”和“玉英”，并“载玉万只而归”。这都是古代关于和田玉流入中原的记录。这条玉石之路向东，到达中原；向西，通向巴格达至小亚细亚半岛。

《山海经·卷二·西山经》中记载钟山所出“瑾瑜之玉，坚栗精密，浊泽而有光，五色发作，以和柔刚”。这是古羌人对和田玉的美学评价和深刻认知，它涉及玉石的肌理、质地、光泽、色彩这四个特点。中华各民族对玉的喜爱无一不是建立在这个认识的基础上。商代的统治者并非汉族，这时的皇家用玉大量采用和田玉，殷商妇好墓中出土的700余件玉器，和田玉占半数以上。

春秋时期以孔夫子为首的儒家对和田玉有着更为深刻的理解。他们从美学、工艺、伦理、哲学等角度阐述和田玉的外表特点与内涵精髓。例如“温润而泽”“缜密以栗”“孚尹旁达”

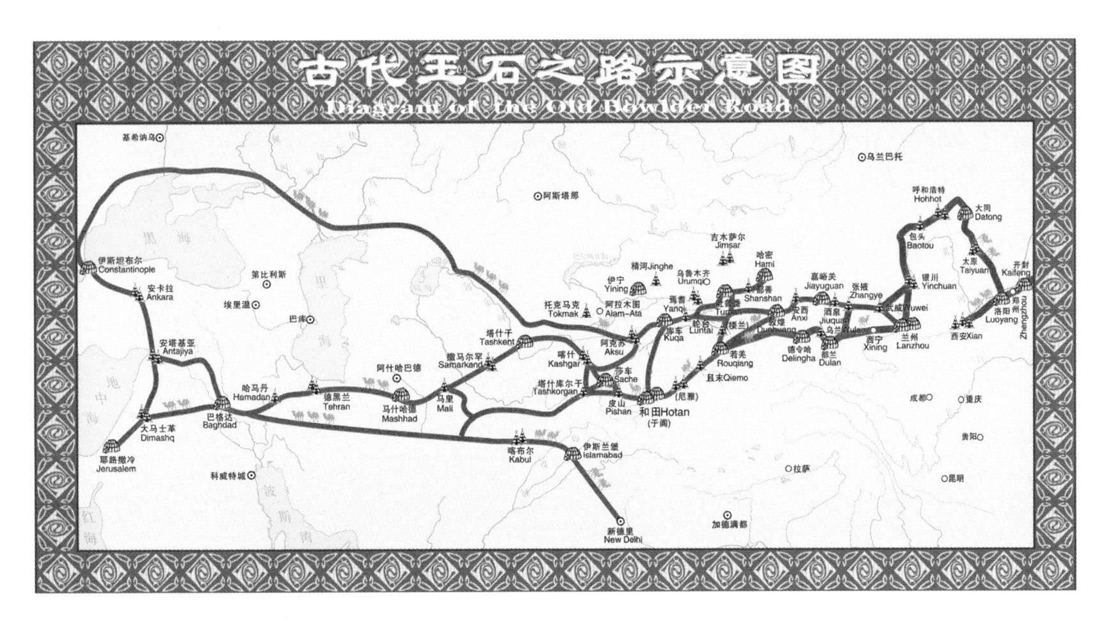

▲ 古代玉石之路示意图

等关于和田玉质地、光泽、色彩等美学观，并阐述了和田玉的音响效果。儒家总结阐述的和田玉体现的“天人合一”的哲学与人文精神，规范了国人的思想修养和行为准则。

在中华文明五千年的历史长河中，和田玉在宫廷和民间都有着无比美好的形象，有着非同一般的地位。它是制作精良的珍品，它是历经沧桑光彩不变的珍品，它是无论在达官贵人或在平民百姓心中都超凡脱俗的珍品。在历史上，凡是与玉有关的字句，均为赞美，从来没有贬义。

例如以玉喻人喻情：

亭亭玉立，玉貌花容，冰清玉洁，温润如玉，如花似玉，守身如玉，美玉无瑕，怜香惜玉，金童玉女，一片冰心在玉壶……

以玉喻事喻物：

玉润珠圆，金科玉律，金铸玉雕，金风玉露，投瓜报玉……

以玉喻理：

他山之石，可以攻玉；玉不琢不成器；艰难困苦，玉汝于成；抛砖引玉；化干戈为玉帛；君子无故，玉不去身……

以玉喻景：

琼楼玉宇，金玉满堂，金山玉海，玉海碧波。

总之，和田玉集合了自古以来美的所有特质：品质之美，心灵之美，形象之美，艺术之美，文化之美，气质之美，声韵之美，含蓄之美，神秘之美。它既是社会生活中至善至美的体现，也是个人身份地位的象征。

古玉蝉 ▶

二、材质优良，玉中之王

1. 基本特征

和田玉是昆仑山深处稀有珍贵的矿物，是山川的精华，大地的舍利。其质感温润厚重，内敛含蓄。它的光泽是凝重成熟的，如清代玉器鉴赏大家陈性，在其著作《玉记》中所述："体如凝脂，精光内蕴，质厚温润，声音洪亮。"凝重温润是和田玉最基本的特征。

2. 理化性质

和田玉主要由透闪石组成，主要化学成分为钙、镁、硅酸盐。白玉中的透闪石含量最高，可达到99%，青白玉、青玉次之。矿物粒度极细是和田玉的特点，其他地区所产的透闪石玉在细度上往往不如新疆所产的和田玉。和田碧玉的矿物成分除了透闪石外，还有阳起石和微量的铬铁元素。

和田玉的内部结构呈毛毡状，均匀交织密集分布。这种结构是和田玉细腻致密、韧性极强、温润柔和的主要原因。

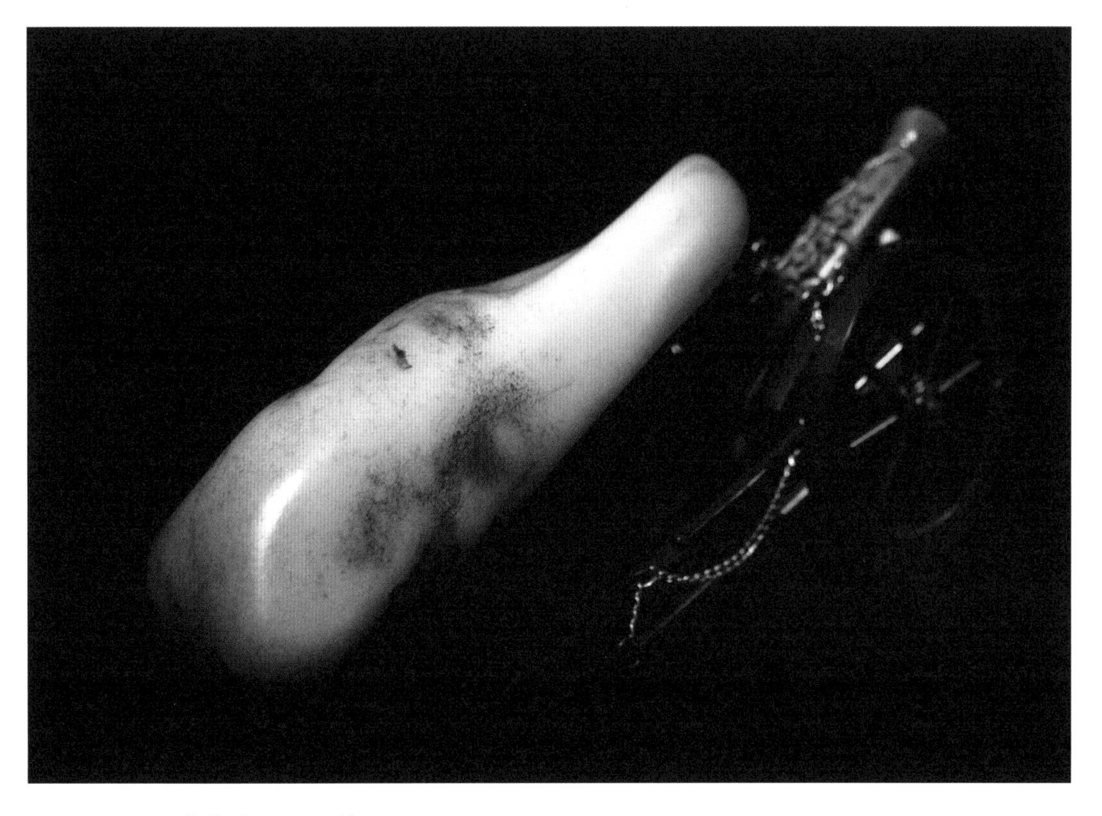

▲ 和田玉洒金皮羊脂玉子料

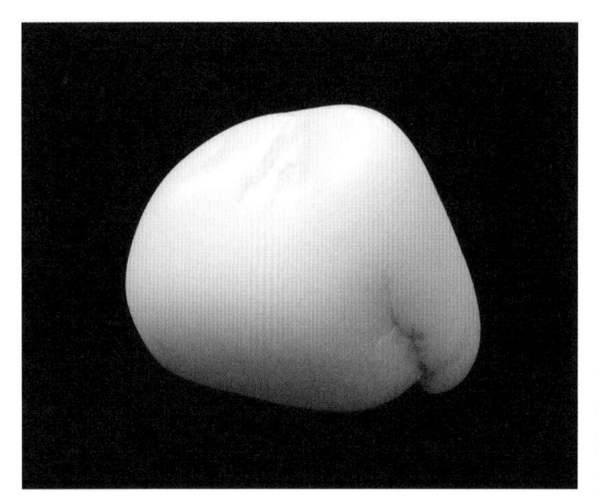

▲ 和田羊脂玉子料

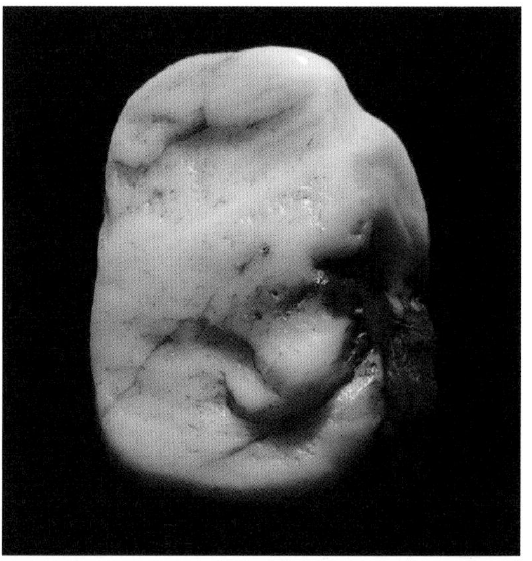

▲ 16 公斤重的羊脂玉子料

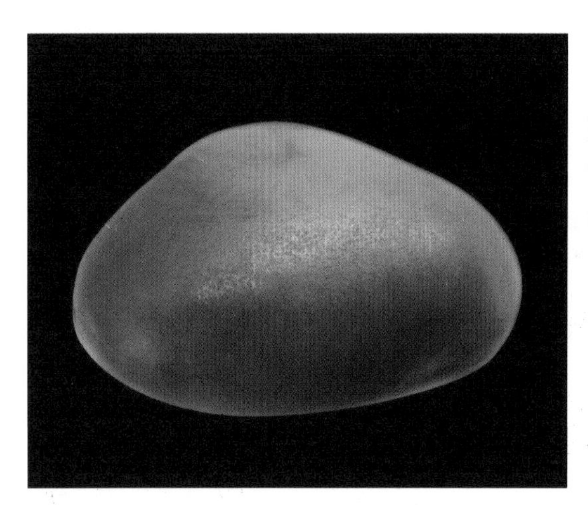

▲ 金红皮子料

3. 顶级奢侈品

和田玉具有艺术性、唯一性、珍稀性等多种特点，是艺术收藏中的顶级奢侈品，它综合了奢侈品具有的普遍特点。

在古代，和田玉是宫廷的珍宝。周穆王巡游西域“载玉万只”而归。《五代史》载，于阗国王以玉千斤及玉印等向晋高祖献贡。《宋史》载，宋徽宗时期，于阗国岁岁朝贡珠玉，甚至一年两次。

自古至今，和田玉的地位一直为国人所尊崇，一块羊脂玉珍品价值上百万、上千万，甚至上亿元。秦王愿以 15 座城池换赵国之和氏璧可见美玉价值之高。

三、和田玉家族

家族，是有着共同血脉的人组成的集合。

和田玉也有庞大的家族，这家族里的成员有着共同的“血脉”，即“透闪石”。中国矿物权威机构把透闪石含量达到一定比例的石头，都认定为“和田玉”，并给予鉴定证书。

虽然有了正统的“名字”，但在国人心中，家族也分内族与外族，内族血脉纯正，乃为正统，担负着传承的责任。和田玉家族也是如此。正统内族为新疆和田玉，外族为辽宁河磨玉，青海玉，俄罗斯玉、加拿大玉等，这些理化成分与新疆和田玉差不多的外族玉，又被称为是“广义和田玉”。

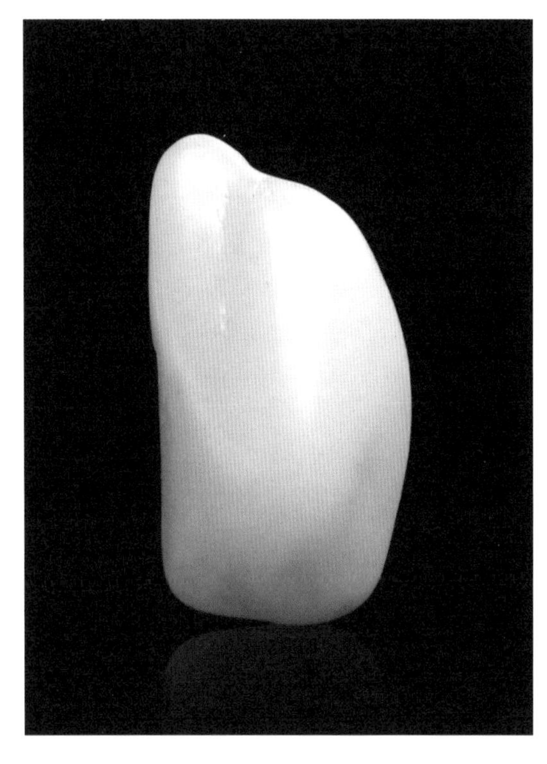

▲ 和田玉子料

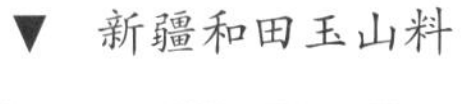

▼ 新疆和田玉山料

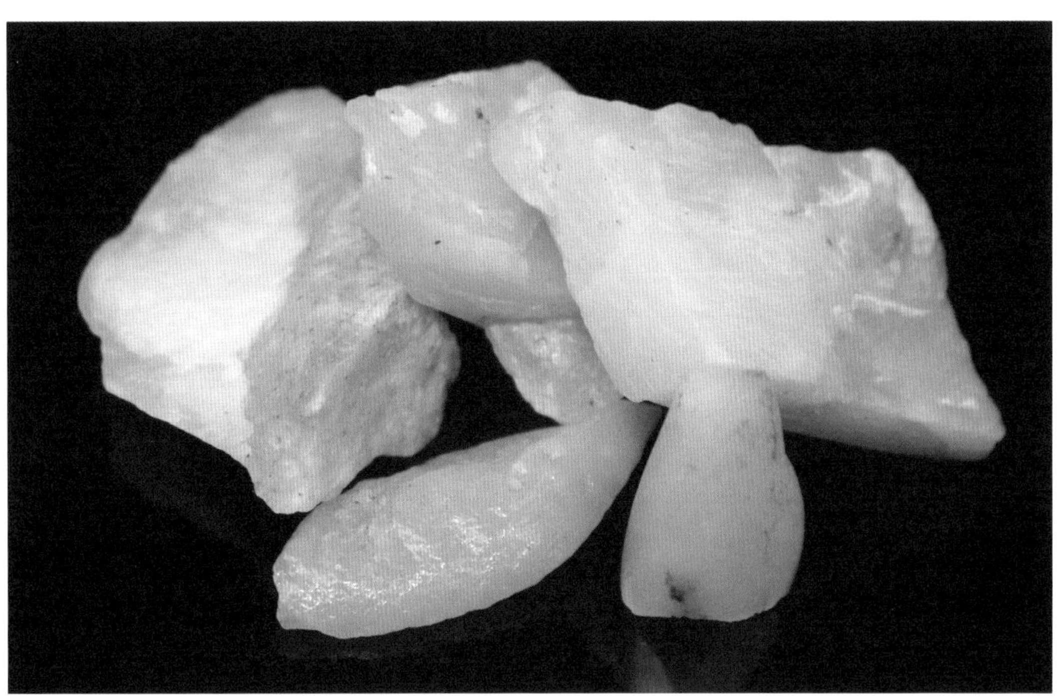

▲ 玉矿山

▲ 深山采玉图

1. 新疆和田玉

新疆和田玉，自古就声名远扬，深受国人的喜爱，矿源分布在塔里木盆地以南1100公里的昆仑山沿线，海拔3500~5000米的深山之中。新疆和田玉分为四种：子料、山流水料、戈壁料、山料。其中和田玉子料品质最为优良，主要产于和田地区的玉龙喀什河和喀拉喀什河。

新疆和田玉有别于其他广义和田玉的最大特点就是“油润”。新疆和田玉的美，更多的是一种内敛含蓄之温润美，这种美来源于和田玉的内外质感，如同谦谦君子。新疆和田玉的油润追究其根源，与其细

▲ 裸女寻玉图

密的纤维交织结构有莫大的关系，而其他广义和田玉大多结构粗大或纤维短小，少见新疆和田玉温润的质感。

新疆和田玉的开采可以归纳为三种方式，捡、采、挖。捡主要指在产玉的河道捡寻子玉或在产玉河流上游捡寻山流水玉，以及在戈壁捡寻和田玉戈壁料。采是指通过在蕴藏和田玉矿源的深山挖洞采掘，将矿石破碎为块状运输下山。古代开采和田玉多为河边捡寻和深山人工采掘，而现代的山料开采多用爆破方式，产量比古代大为增长。挖玉是近些年对子料的开采方式，方法是以挖掘机在河道深挖，再以大量人工筛选，如同大海捞针，对生态破坏极大。如今和田玉子料的挖掘已被政府限制，这让本已稀缺的和田玉子料更加难寻。

2. 河磨玉

辽宁河磨玉，算是新疆和田玉的一个近亲，虽然产地离得较远，但“血缘”却非常近。

河磨玉其实是辽宁岫岩玉的一个分支，岫岩玉可以分为两类，一类是黄白老玉，属透闪石系列，经过流水长期冲刷成为河磨玉，这是一种比较珍贵的璞玉，价值高，储量少。另一类岫岩玉属蛇纹岩系列，特点是通透性高，硬度低，与和田玉完全是两码事。

随着新疆和田玉价值越来越高，河磨玉也受到业界广泛认可，特别是近两年中国玉雕界“天工奖”评选活动中，有不少河磨玉作品出现，这让河磨玉走进大众的视野。

▲ 河磨玉原石

3. 俄罗斯玉

俄罗斯玉在中国被玉界习惯称为“俄料”，主产区在俄罗斯联邦布里亚特共和国的贝加尔湖区域。是和田玉大家族中的一匹黑马，自进入中国之后就扶摇直上，如今已成为继新疆和田玉之后的中高端玉种。

俄罗斯玉的主要颜色有白玉、碧玉、糖玉、黄玉等种类。

其中白玉的白度可超过新疆和田玉，但润度略低，内部纤维结构稍粗，肉质略显疏松，行内常用“大米粥”来形容其结构。虽说俄料的润度不如新疆和田玉，但俗话说“一白遮三丑”，高白的俄料还是深受大众的喜爱，况且，俄料中也有少数细密度很好的种类。

俄料除了白玉有不错的地位，俄罗斯碧玉的地位更是重要，基本垄断了国内的碧玉市场。

为什么俄料碧玉能垄断我国市场，原因有两个：一个原因是俄料碧玉有着产量上的优势，有大块的料子产出，适合制作手镯和器皿；另一个原因是俄料碧玉的颜色漂亮，肉质比较干净，深受女性喜爱。

而新疆和田玉中的碧玉之所以未能成为市场的主角，一是因为以前开采出的优质和田碧玉已经罕见，现有的矿料产量少、块度小；二是玉料大多含有黑点和绺裂，所以少有新疆和田碧玉或玛纳斯碧玉制作的手镯和挂件。

俄罗斯玉与新疆和田玉的不同点还体现在皮壳上。俄料的皮色较重且厚，而新疆子料的皮色大多只有浅薄一层。这也可以作为区分新疆料和俄罗斯料的一个方法。

▲ 俄罗斯子料

4. 青海玉

青海玉在国内称之为青海料，是和田玉家族的一个大类，主产地在青海格尔木的昆仑山边缘接近新疆若羌的地带。青海料，又称“昆仑玉”，其纤维结构较短，甚至新坑料呈现颗粒状，质感不强，有水透之感，内部的水线较多。

青海料主要玉种有白玉、碧玉、青玉、黄玉等。其中白玉稍显灰闷，碧玉品相较差，黄玉和烟青玉品相较好。现在有很多工作室选择高档青海玉制做器皿，近年青海料中富有特色的翠青玉适合巧雕，品相好的价值也较高。

青海玉的名声大起要归功于2008年的奥运会。此届奥运会的金牌创造性地把青海玉作为主要材质，并与黄金巧妙结合，形成了具有中国特色的金镶玉奖牌。正是此届奥运会，让和田玉再一次走进全国人民的视线中，也引起全球人的关注。

▲ 青海料成品

5. 韩国玉

韩国玉主产地是韩国春川市的矿山中，属于和田玉类别，中国人称为韩料。特点是结构粗大，一般有明显冰渣状结构，颜色大多呈现青黄色，质感不强，属于低端和田玉，在中国市场多见。

▲ 韩料成品

6. 其他广义和田玉

贵州罗甸玉

产自贵州罗甸县，含透闪石，玉质较差。优品能进入市场，但仍然属低档玉料。

加拿大玉

中国市场上的加拿大玉多为碧玉，品质不一，优质的玉石可以达到和田玉饰品等级。

新西兰玉

新西兰玉多为碧玉，品质较差。

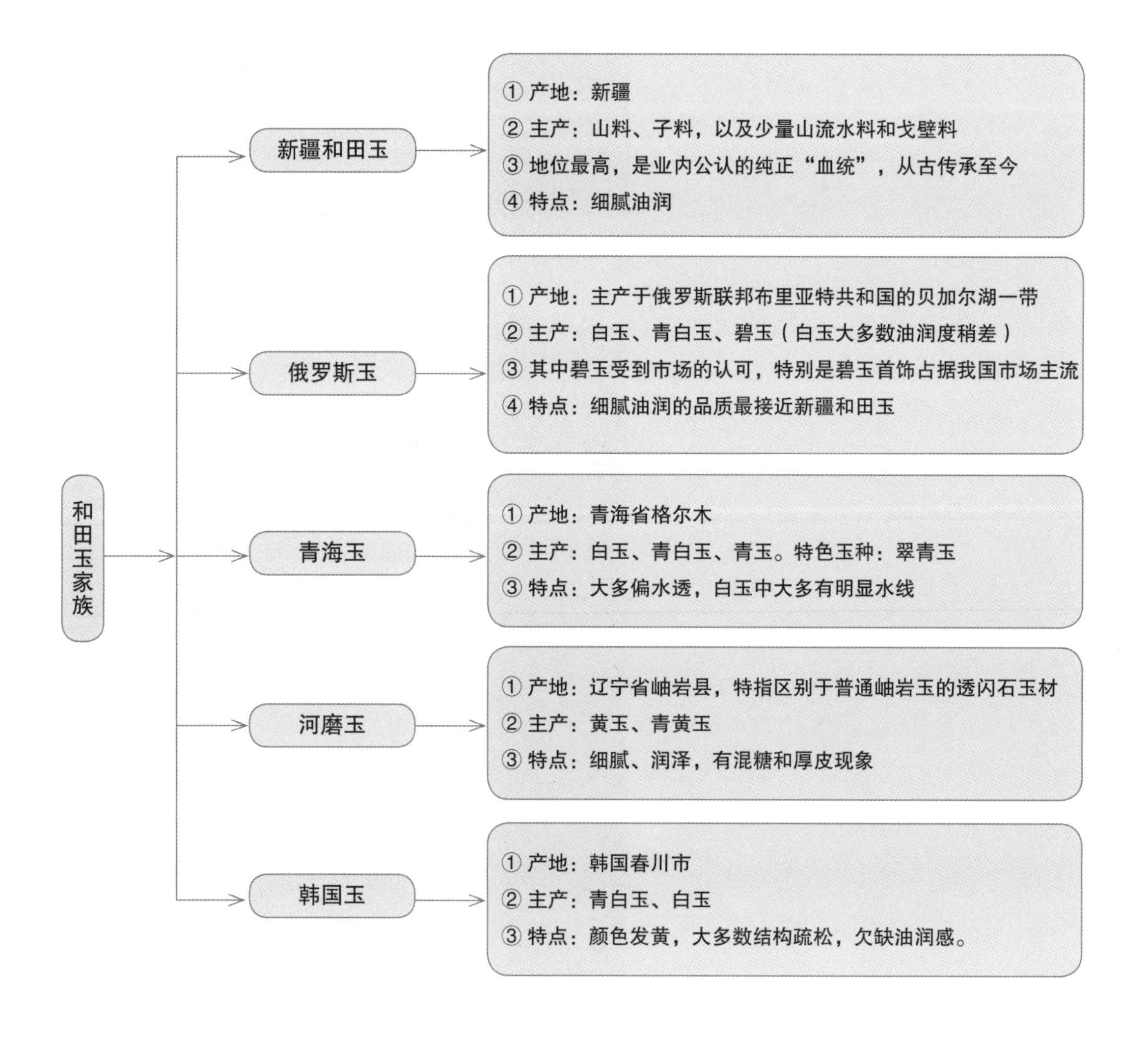

四、和田玉仿品的主要材料

市场上造假的和田玉五花八门，品类众多，上当的人不计其数。如何识别假的和田玉，学会分析假和田玉的特征并掌握辨别方法，才能让大众玉友对假和田玉有一个清晰认知。

要识别仿品和田玉，先要对市面上种类繁多的和田玉仿品进行划分，仿品和田玉大致可以分为两大类。

1. 人工制做的仿品

此类仿品的材质非天然矿物，而是由人工制作，主要包括天然玻璃仿品和更逼真的玻璃品。人工制作的仿品和田玉目前主要是从外观方面假冒和田玉，常见于成品，比如手镯、平安扣、牌坠，也有少量类似子料原石形状的仿品。

(1) 天然玻璃仿制品

玻璃在制作过程中内部不可避免有气泡产生，而真正的和田玉自然天成，经历了亿万年地质变化的严苛过程，其内部绝对没有气泡。所以一旦发现所谓的“和田玉”内部有空心小气泡，那么就可以判定这是玻璃仿制品。

除此之外，玻璃仿制品一般是由特定模具压制而成，表面一般有较强的玻璃光泽，无油润感，而真正的和田玉会由内向外透出油润感，并且越是精品和田玉油润感越是明显。从触觉方面也可进行判别。用手触摸天然和田玉，手感沉重滑腻稍有阻塞感，而触摸玻璃制品，只会感觉十分光滑，却几乎感觉不到油腻感。

提及玻璃仿制品，有一种广泛谣传的和田玉真假判别方法“烧头发法”。说法是这样的：真正的和田玉有冰凉感，把头发缠绕在玉石表面，用打火机的火焰去烧，头发是不会断的。此说法目前已经被证明毫无科学根据，这其实是一种物理现象，跟玉石的材质关系不大。

玻璃仿制品也有等级区别，做工粗糙的玻璃仿制品里面气泡明显，透明度高，很容易被识别。高仿玻璃制品在生产过程中会加入特殊原料，做出类似于玉石的结构纹理，但这种纹理同自然玉石的结构纹理仍有区别，只要细心鉴别还是可以发现的。

(2) 合成玻璃仿品

目前市场上合成玻璃仿品做得更加逼真，也更难识别。现在市场上的所谓“外蒙料”就是一种高端合成仿品，刚出现时，让不少老玩家都“打眼”上当。这类仿品一般是在玻璃原料中混合化学强固剂，再加入颜色，经特殊处理制造而成，特点是硬度与真和田玉相当，非

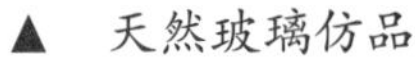

▲ 天然玻璃仿品

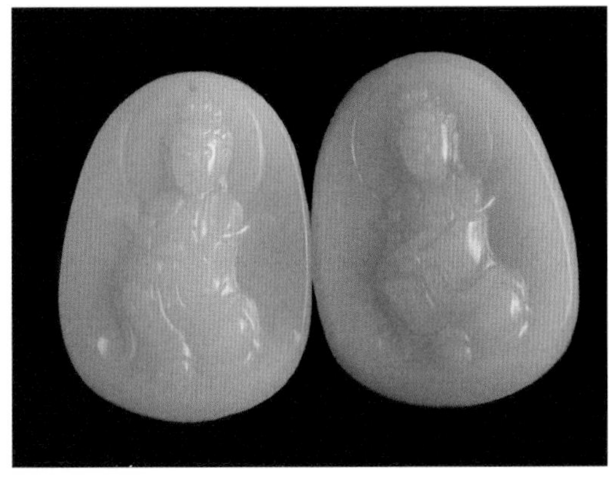

▲ 合成玻璃仿品

常接近和田玉的特征。要注意其浑浊感虽然很像和田玉的温润感，但大部分玉石粉合成品依旧是没有油分的，并且有种死气沉沉的感觉，行内称其为“发闷”。这种“发闷感”是判断高仿玻璃合成品的重要依据，须引起足够重视。

合成仿制品的特点是一般无结构，也有些合成品色泽漂亮，堪比精品和田玉，而能达到此类标准的天然和田玉非常稀少，并且价格昂贵，如果发现卖家手中有很多此类产品，并且价格很低，那么就要小心了，基本上此类玉石都是合成品。

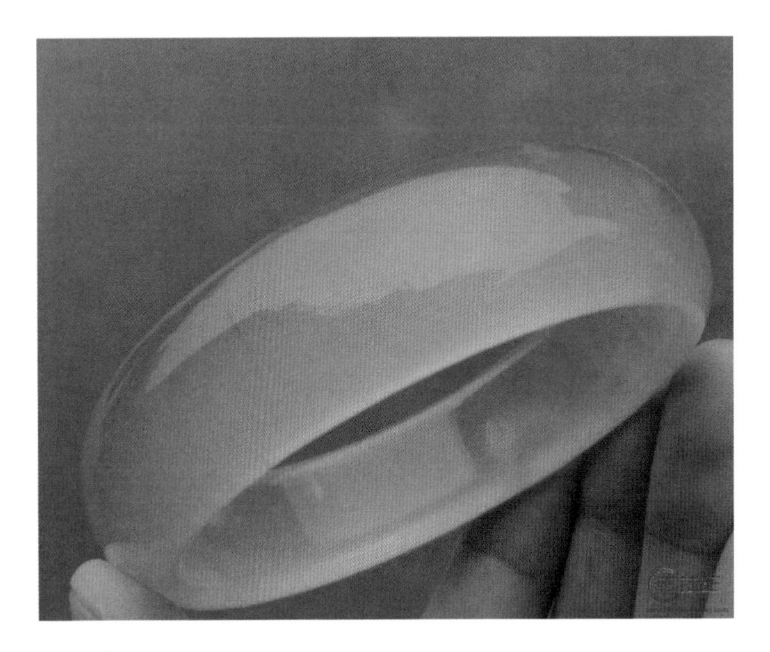

▲ 岫玉

2. 天然材料仿品

人工制造的仿品，由于非天然生成，相对来说较容易识别。而目前市场上还存在大量用天然矿物制成的仿制品，这些材料具有天然的结构纹理，外观特征类似于和田玉，有较大的迷惑性。

天然材质仿制品主要为石英岩系列的仿品、蛇纹岩系列的仿品以及大理岩类的仿品。

(1) 石英岩类仿品

石英岩分布广泛，资源丰富，硬度可到摩氏 7 度，常见仿和田玉的种类有东陵石、京白玉、密玉等。

市场上一些商家用这些石头特定的天然颜色冒充不同色系的和田玉。比如白色的东陵石常用来冒充和田白玉，而黑白交织的东陵石则用来冒充青花和田玉，黑色东陵石用来冒充和田墨玉，黄色的东陵石用来冒充和田黄玉等。石英岩中的密玉、贵翠、台湾翠等也常被作为高档玉材的仿品。

区分此类仿品，可以从结构上识别。石英岩类的玉石一般为颗粒结构，盘玩时有粗糙感，即便是精品石英石，虽颗粒不明显，但通过放大镜观察还是可以发现其颗粒结构。而和田玉内部为纤维交织结构，盘玩时滑腻油润。

石英岩类的仿品玉石，一般通透性较高，而真正的和田玉一般呈半透明到微透明，由此也较容易区分仿品。

(2) 蛇纹岩类仿品

蛇纹岩为含水的富镁硅酸盐矿物总称，硬度较低，代表玉石是岫岩玉。岫岩玉的开采利用时间久远，青绿色居多，有温润感，有些品种很像和田玉但硬度低。

这类硬度不高的矿物在玉石界常以“划拭法”来测量硬度。具体操作是使用钢锯条或钢刀在玉石表面轻轻划拭，根据是否有划痕来判断玉石真假。此方法的原理是不同材质的物体摩氏硬度不同。钢刀的摩氏硬度一般为 5.5 左右，而和田玉硬度一般为 6.5 到 6.9，理论上

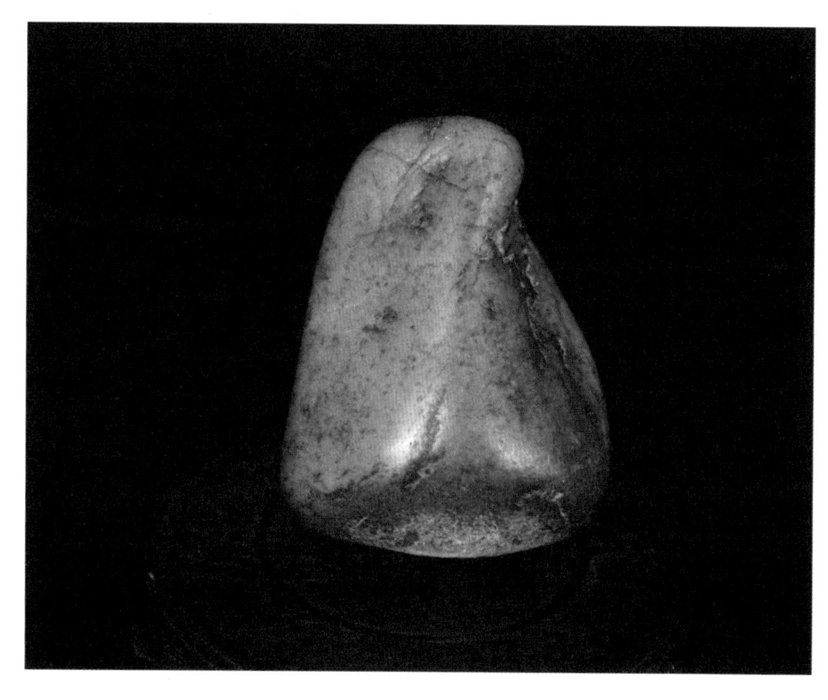

▲ 染色子料

钢锯条在和田玉表面轻轻划拭是不会出现痕迹的，部分沁料和田玉硬度较低，是个特例。而岫岩玉摩氏硬度一般为2.5到5，很容易被钢锯条划出痕迹。

“划拭法”是民间流行的方法，一般用来判断和田玉子料原石，使用前一定要征得商家同意才能操作，否则容易出现纠纷。

(3) 大理岩类仿品

大理岩是由碳酸盐经区域变质作用形成。主要由方解石和白云石组成，还含有一些其他矿物，摩氏硬度一般为3左右。质地细腻、洁白，透明度较高的大理岩，市场上又称为“阿富汗玉”或“巴玉”，常用来冒充和田白玉。但细看内部往往有一些花纹，除了硬度很低以外，手感也明显偏轻。

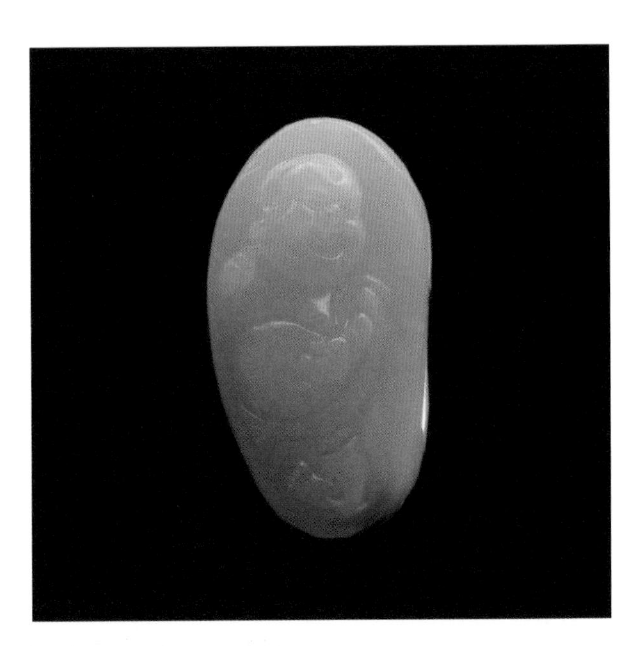

▲ 巴玉

蛇纹岩类和大理岩类仿品一般都有明显的水透特点，硬度也很低，这是与和田玉的不同之处。石英岩类的仿品从观感来看也显得较透，但是它的硬度堪比和田玉，因此，相似度最高。总体说来，比较复杂的品种需送到国家正规机构去检测。玉界所说的地方玉，一般都属于石英岩类或蛇纹岩类。所谓“阿玉”“巴玉”这类大理岩连地方玉都算不上。

在新疆，人们常把仿冒和田玉的石头叫做卡瓦石，这是一个比较含混的名称，可能是石英岩类玉石，也可能指硬度不够的石头，比如蛇纹岩类，目前卡瓦石没有什么准确的概念。

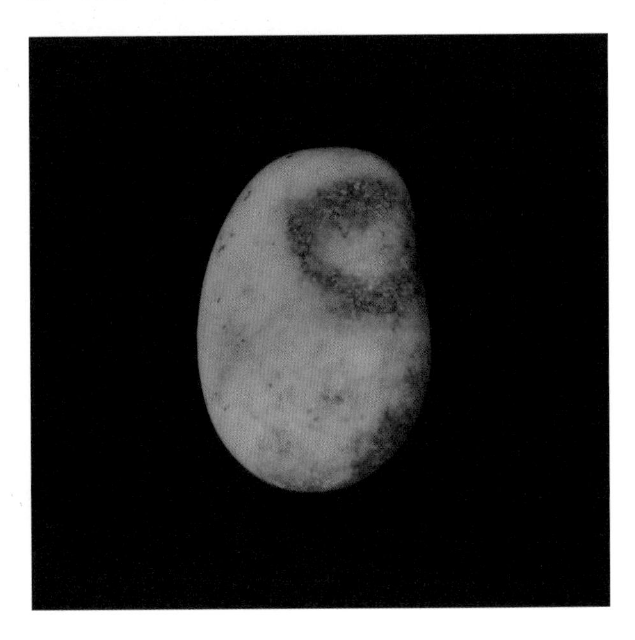

▲ 卡瓦石

经常有一种卡瓦石在市场售卖，

呈鹅卵石状，有多种颜色，也有皮子，表面常有绿色斑点和绿色条纹。用来冒充沁料和田玉，但是硬度比和田玉低得多，这属于蛇纹岩类。

还有一种鹅卵石形状的黑色卡瓦石，表面干涩，常伴有小坑，强光手电贴近照射，几乎没有光晕，常用来冒充墨玉和田玉。

黄色的卡瓦石，可能是石英岩，硬度较高，一般特征是干涩无油润感，常被用来冒充和田黄玉，欺骗性较大。

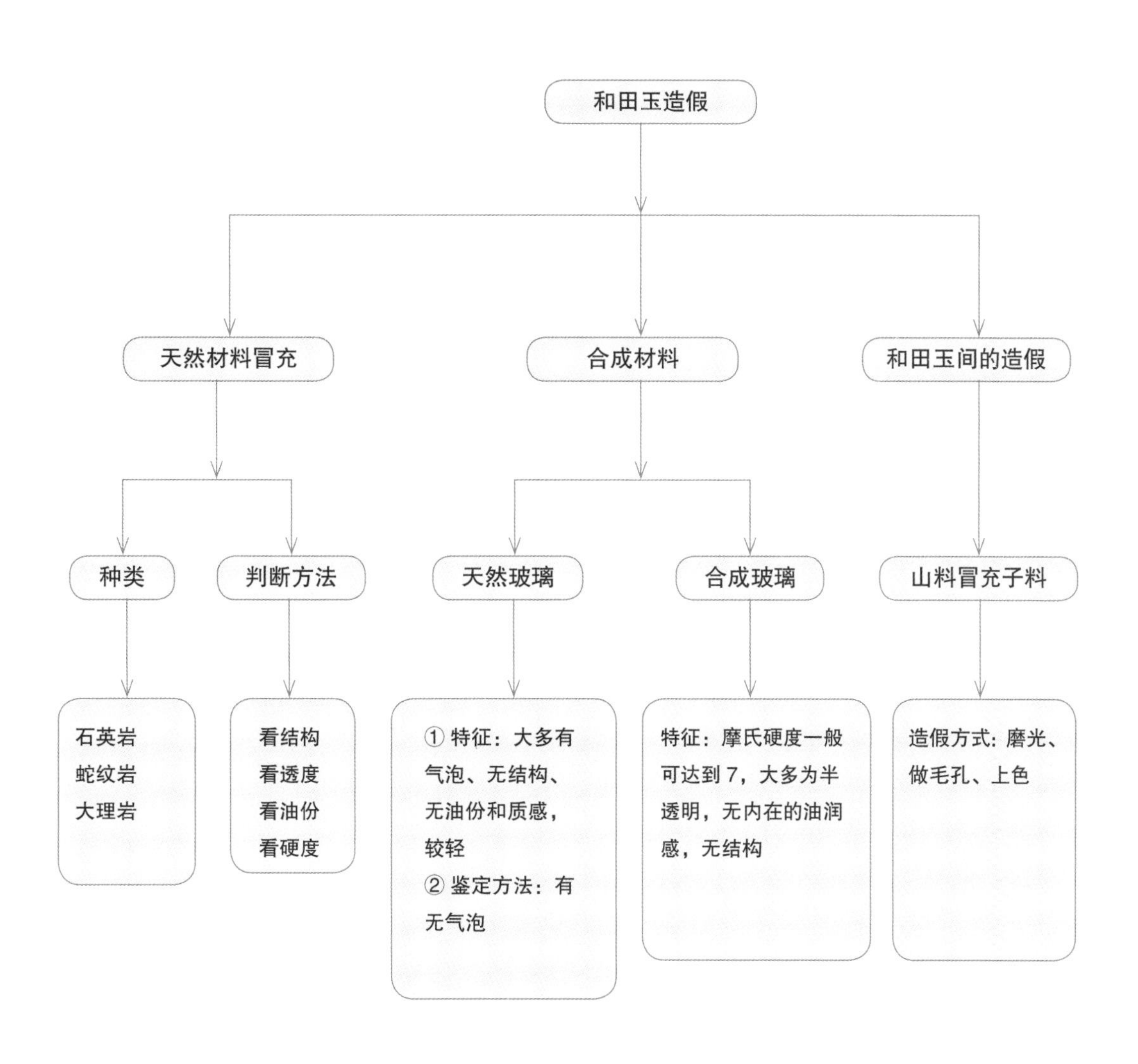

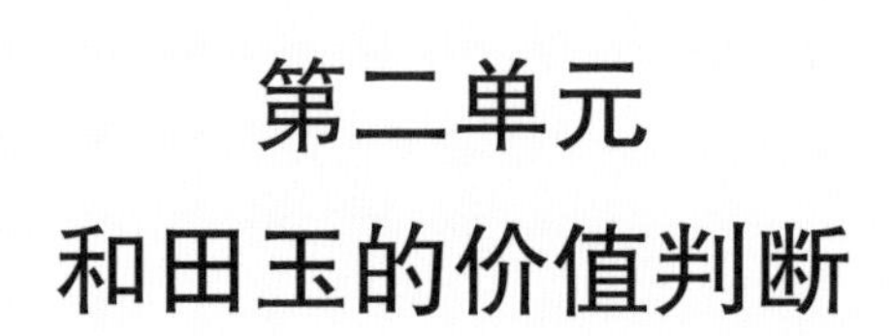

第二单元
和田玉的价值判断

一、原料的价值判断

和田玉有着四种不同的天然形态，分别是山料、山流水料、戈壁料、子料。本章节针对不同形态的和田玉从其形成、特征、价值等角度进行详细讲解，力求给读者一个清晰的知识框架。

1. 产状

(1) 山料

山料，是和田玉的一种原始形态，属于原始矿藏。人们习惯把昆仑山上开采出来的和田玉矿料称为山料。

山料属于母岩，有的深藏于山中，有的深埋在地下，有的裸露于地表。地矿学家说，和田玉蕴藏在高海拔的昆仑山深处，实际上，也是远古海洋的产物。和田玉矿床形成以后，经过漫长的地质变化过程，地壳运动的结果使岩层有的仍在山体深处，有的抬至地面或接近地表。

这种变化使开采的难度各有不同，又因地质应力的结果使矿石的完整性受到不同程度的破坏，绺裂纵横。所以，山料内部的裂纹不完全是开采时炸药崩裂形成的，地质运动形成的破坏力量十分巨大。

▲ 矿山

▲ 采玉

由于矿体形成的环境不同，和田玉母岩山料的质量存在很大差别。从块状来看，大小不一，重量不等，有的呈薄板状，有的呈方块状，这些料块有明显的棱角，显得粗糙。总体而言，山料表皮

一般没有风化层或风化层很薄。所谓山料质量存在很大差别并不是指外表的形状而是指内部结构，由于地质运动的作用，和田玉山料矿石内部有的结晶细腻，有的结晶粗大；有的内质纯净，有的混杂大量石花杂质；有的是单纯的玉块，有的则是玉与围岩的混合体。

母岩山料的质量优劣决定了它的次生玉石质量的优劣。当玉石已经形成后，无论再经过何种地质运动，其内部的结构和化学物质及浸入物已经不会再有本质的变化。

这些客观因素，对于玉的品质和价值十分重要。

在地下或地表的玉石雏形，吸收日月的精华，在岁月的进程中缓慢地脱胎换骨，变化成为润泽的和田玉。

据新疆的地矿资料，和田玉山料矿的成矿地带主要分布在新疆塔里木盆地之南的昆仑山脉，西起新疆喀什地区塔什库尔干县以东的安大力塔格及阿拉孜山，中经新疆和田地区南部

的桑株塔格、铁克里克塔格、柳什塔格，东至新疆且末县南阿尔金山北翼的肃拉穆宁塔格，成矿带大约长 1100 公里。

业内对和田玉山料矿有“两头一中间”的说法，即西头以莎车、叶城为代表，东头以且末、若羌为代表，中间以和田、于田为代表。和田玉分布的地域以昆仑山中段最为著名。

新疆的地矿资料记载，和田玉山料矿的蕴藏量是十分丰富的。地矿专家们提供了以下数据。

第一，昆仑山西部从塔什库尔干塔吉克自治县大同玉矿经密尔岱到叶城县西河休，矿化带断断续续出露长约 70 公里，单个山料矿床矿化带一般宽 3 ~ 5 米，矿脉厚 0.1 ~ 0.6 米，矿化带最长有 100 多米，玉石以青玉、青白玉为主，白玉较少。叶城县西河休主要出产糖青白玉，品质较好。按东西向每隔两公里就有一个山料矿推算，在 70 公里长度范围内有 35 个矿点，每个矿点平均按 1000 吨计算，该区域和田玉山料资源约为 3.5 万吨。

第二，昆仑山中部的和田地区从皮山县的塞图拉至于田县的依格浪古，和田玉山料矿化带断断续续出露长约 450 公里，如于田县的阿拉玛斯、塞底库拉木、哈尼拉克、其汗可、依格浪古等。

▲ 大块山料

和田县普什至黑山一带，奥来沙等地，玉石以白玉、青白玉为主。皮山县赛图拉至康西瓦一带，多产青玉和青白玉，料质结构较粗。策勒县也有分布，以青白玉为主，料质较差。和田地区山料存量估算，按东西走向每隔两公里就有一个山料矿推算，450 公里长度范围内有 225 个矿点，每个矿点平均按 500 吨计算，则该区山料资源量为 11.25 万吨。

第三，昆仑山东部且末县至若羌县，和田玉山料矿化带断续出露长 220 公里，估计矿点 110 个。每个矿点山料资源量按 500 吨计算，则此区资源量约为 5.5 万吨。且末县的山料矿点主要分布在哈达里克河、塔特里克苏、塔什赛因等地，主要出产青白玉及糖玉等。若羌县的山料矿点主要分布于库如克萨依至黑山一带，外山玉料以糖包白为代表，里山玉料以黄口料为代表。

当然，地矿专家们对资源量的预测，采用的是矿山类比法，即便蕴藏量是大致准确的，其资源量与琢玉料的数量是两个概念，是有很大差别的。按照 20 世纪 90 年代新疆地矿专家的预测，新疆和田玉山料的资源量应有 21 ~ 28 万吨，以采获率 10% 计算，琢玉料为 2.1 ~ 2.8 万吨。在中国古代西域采玉的 4000 年历史中，估计已开采琢玉料一万吨。

物以稀为贵，理论上和田玉应有丰富的藏量，但高海拔的恶劣条件限制了勘探与开采，人类在海拔 3500 ~ 4000 米以上地区行走会十分困难，何况还要从事繁重的劳作呢！古人讲：昆仑采玉难，千人往，百人返，百人往，十人返，这是劳动人民采集美玉的生命拼搏。即便是矿点能够正常开采，出产的玉石品质符合工艺要求的并不多，优质琢玉料非常稀少。

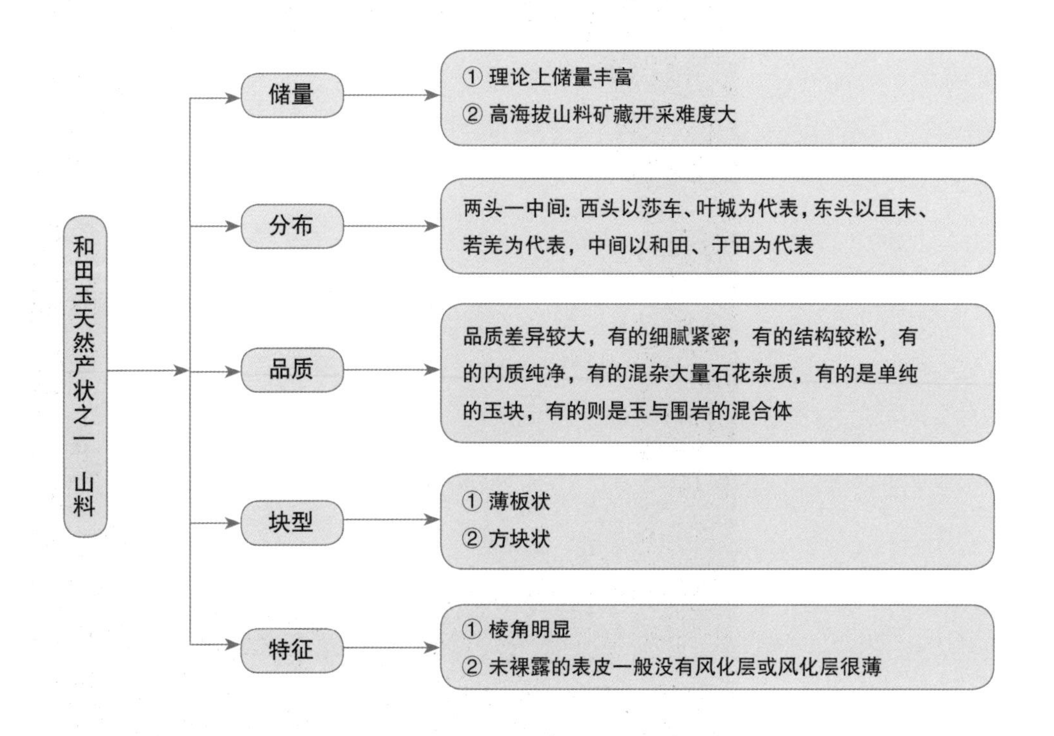

(2) 山流水料

山流水和田玉，有着诗一样的名字，它自身也如同归隐的诗人一般较难寻觅。它是指原生玉矿经风化崩落，被河水冲至河流上游的玉石。这是和田玉与水的长期亲密接触，这种接触带来的净化作用，使和田玉的润度明显提高。从外观看，山流水料表层光润，棱角稍有磨圆，但还未形成卵石状。河水的冲刷撞击，使玉石的绺裂和杂质已经得到一定程度的剔除，品质优于山料，内质与外观一般来说逊于子料。

这类形态和品质介于山料和子料之间的和田玉价值很高，基本不带皮色，内外品质比较一致。它的名称也富于诗意，距离原生山料矿比较近。

除了流水冲刷而形成的山流水料以外，在昆仑山深处的冰川和坡地，还有许多因冲积而形成的光润玉块也属于山流水料。它的表层因大自然的剥蚀风化，常常带有定向性的水蚀痕迹，及水波纹面，块度较大，常为片状，质地细腻紧密，油性很好。山流水料的形成过程中，河床的水流是主因。

优质的山流水料产地多在新疆和田的黑山地区，有人称其为子料的母矿源头之一。这里的山流水料细腻油润，品质堪比子料。但随着持续采挖，这里出产的优质山流水料已越来越少。

由于山流水料是一种特殊形态存在的和田玉，其准确矿藏量很难确定。

不仅新疆出产和田玉的山流水料，在俄罗斯也有少量的山流水料。新疆的山流水料多无皮色，而俄料中的一部分山流水料却有着鲜艳的厚皮壳，适合俏色雕刻，受到市场的认可和欢迎。

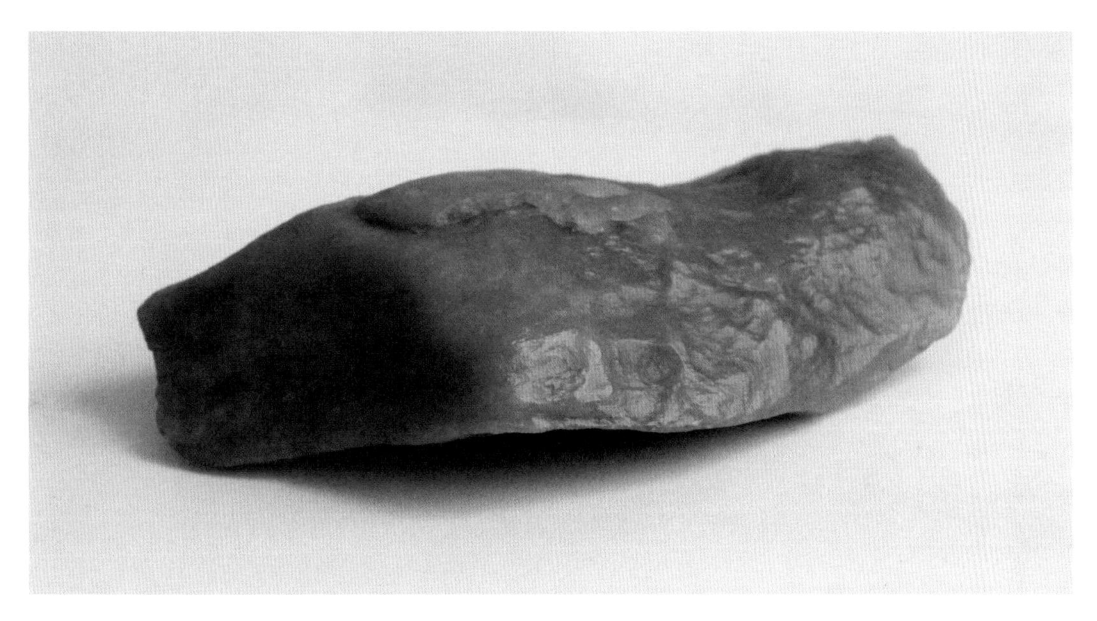

▲ 山流水料

造假是和田玉市场常见的一种现象，山流水料虽然产量少，也未能幸免。

山流水料的造假主要在两个方面。一方面是以山流水料仿制子料，由于山流水料具备子料的部分特征，虽然整体上容易辨别，但加工雕刻后，只保留少部分的原皮，借以冒充子料，还是有很大的迷惑性，使不少玩家上当。另一方面，是用山料来仿制山流水料，这种仿制多以原石状态出现。由于山流水料稀缺，价值高于普通山料，因此就有人把新疆、青海、俄罗斯等地的山料，通过特殊处理，使其具备类似山流水料的特征，从而冒充山流水料以迷惑消费者。

山流水料，目前在市场上很难见到，它有着极好的名声，优质的山流水料升值空间很大。

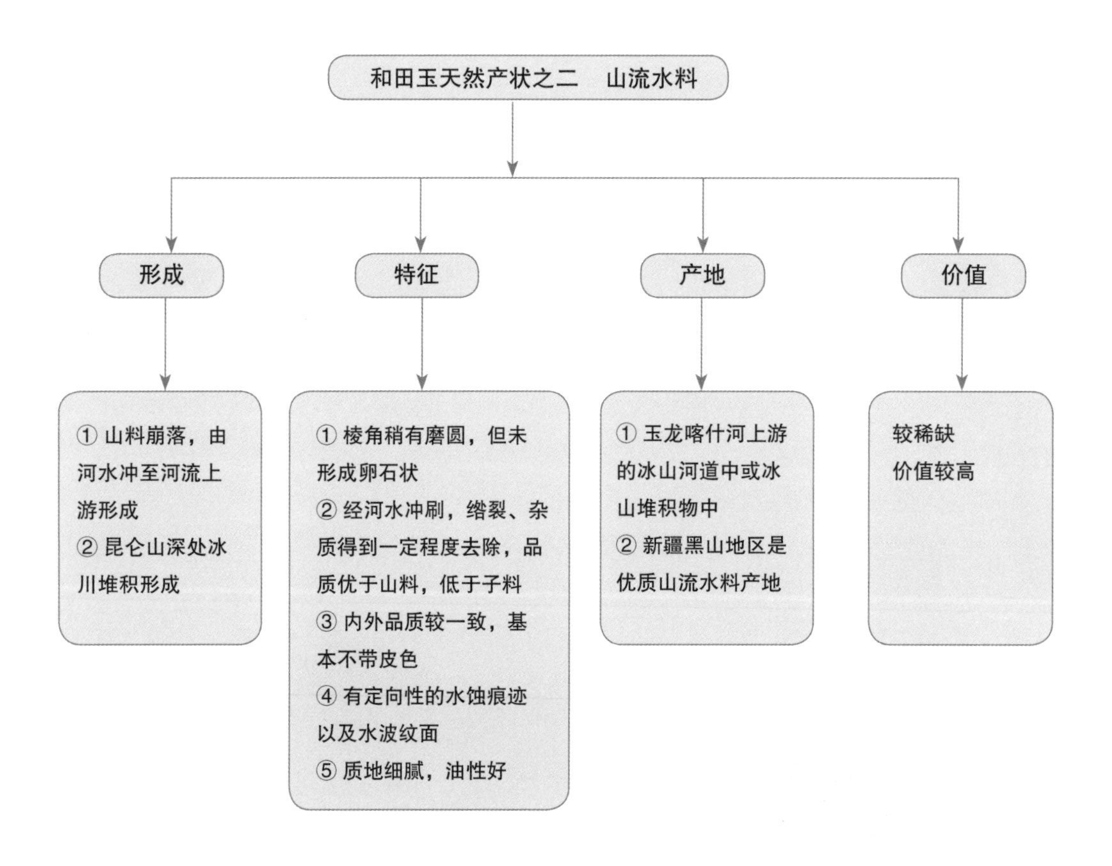

(3) 戈壁料

戈壁料，是和田玉中的“勇士”，来源自母岩山料，一般裸露于昆仑山的河床沿岸和戈壁河滩，也有沉积于地下的。这些玉块类似山流水料，但不是流水而是风沙剥蚀形成，玉块表层有不定向的风蚀痕迹或粗糙的风化壳，业内通称为“戈壁料”。

特殊的环境使戈壁料具备了独特的特征。

不定向风沙侵蚀，使得戈壁料满身都是小坑，并且边缘棱角分明、犀利。昼夜较大的温差，使得戈壁料不断经受热胀冷缩的考验，大的玉料崩裂成小块，布满伤痕，严酷的环境形成了戈壁料油润的内质和尖锐的外表。

戈壁料的产量有限。目前主要产自策勒县戈壁滩表层，主要依靠原始的寻捡方式获得，随着不断开采，裸露于地表的戈壁料越来越少。

戈壁料特殊的形态并未受到玉界的一致认可和接受。它的形态如同西方的抽象艺术，有人认可，有人排斥。

市场上的大多数戈壁料内部都有绵点杂质等瑕疵，不利于雕刻，这就让戈壁料处于很尴尬的境地，不雕刻的话其原始状态欠缺美感，雕刻却又很难下手。目前精品戈壁料的升值空间也在不断提升。

从颜色方面划分，戈壁料几乎具备和田玉的所有色系，有白玉、碧玉、黄口料、青玉、青花、墨玉等。其中优质白玉和黄口料的价值非常高。

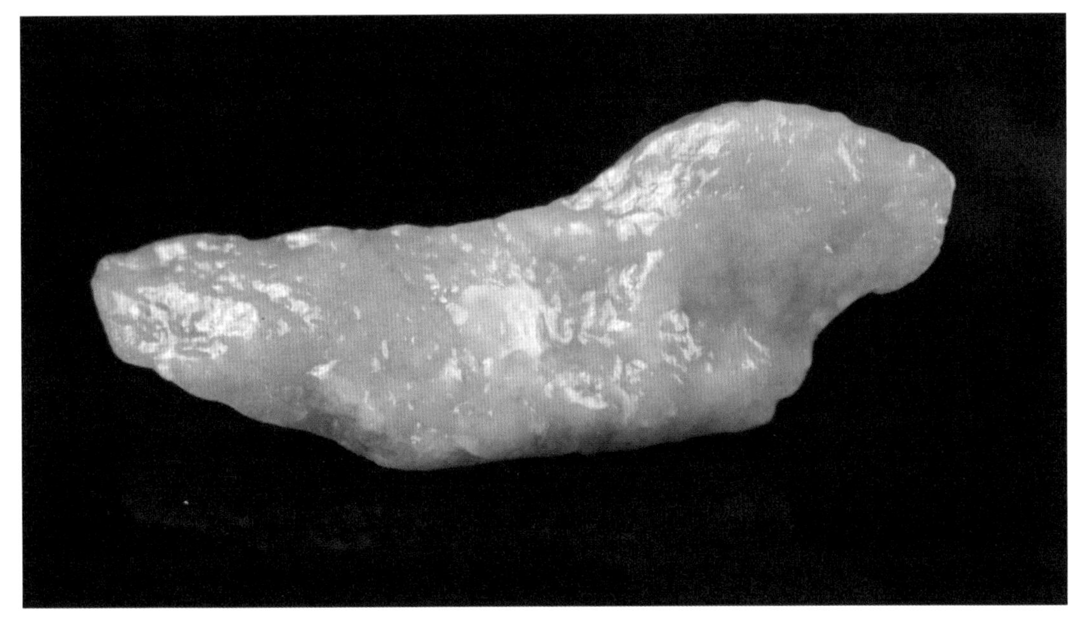

▲ 戈壁料

根据戈壁料表层小坑的大小，戈壁料又分为鱼子皮、橘子皮、柚子皮几大类。其中，鱼子皮的戈壁料，内部肉质往往特别细腻，杂质较少，是戈壁料中的上品。橘子皮和柚子皮的戈壁料，肉质往往会略显疏松，并且多有绵点出现，价值稍低。这三种皮子的特征有时也会混合存在于一块料子上，比如有些戈壁料既有橘子皮又有柚子皮。

戈壁料也有造假现象。

市场上仿制戈壁料的材料通常是和田玉山料，通过修形后喷砂处理，使其表面形成类似于戈壁料的小坑。区分这些造假的料子要看表面小坑的规律性，造假的戈壁料是通过喷砂而成，其小坑往往具有一定的方向性，而真正戈壁料的表层小坑是无方向性的，细心观察是比较容易区分的。另外，戈壁料经历风沙洗礼，往往有明显的阴阳面差异，而造假的料子则各个面特征相同。

对于新接触戈壁料的玉友，很容易将戈壁料和另一种戈壁滩上的石头混淆，大家习惯叫这种石头为“戈壁玉”。

戈壁玉，又叫“金丝玉”“彩玉”“雅丹玉”等，虽然它同戈壁料的名字中有着相同的两个字，但两者之间却没有任何关系。戈壁料是和田玉的一种天然形态，主要矿物成分是透闪石，主产于新疆南疆戈壁滩，产量少，价值较高，而人们通常说的戈壁玉属于石英岩玉，主要成分是石英岩，多产于新疆北疆戈壁滩，产量较大，价值相对较低。

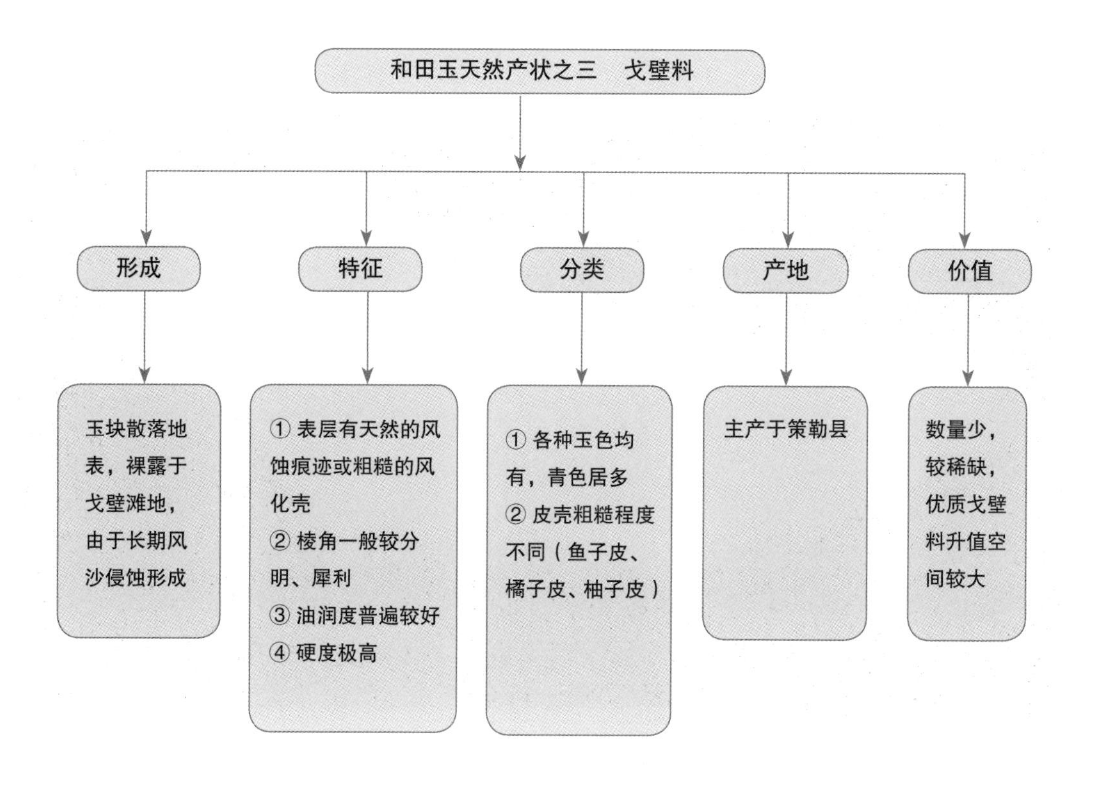

(4) 子料

经过昆仑山河水长期的冲刷浸泡，山流水料玉石成为舒朗端正、人见人爱的玉籽。仿佛大自然施了一种魔法，古老的玉块获得柔亮、细润、优雅、高贵的容颜。

在亿万年的地质运动过程中，和田玉山料有的露出地表，有的随山体变化崩落。这些玉块在山洪冲泄过程中滚入河流，经过千万年的荡涤冲撞，逐渐冲至河床的上游、中游或下游，有的沉积在河湾和河流两侧的戈壁，玉质松散之处在冲击荡涤过程中裂解磨去，只留下坚硬的核心部分，形成大小不等的光润鹅卵石状玉料，这就是著名的和田玉子料的形成过程。

和田玉子料的识别不能单纯从外表的卵石形态来判断，这种最具典藏价值的珍贵美玉正在受到仿真技术的挑战。

子料的低端仿品制作方法很简单，即将碎山料玉块切磨为卵石状，只要稍微仔细观察，即可发现明显的切磨痕迹。

子料的中档仿品即切磨为各种形态的和田玉碎块，倒入滚筒并混合打磨料，滚磨成光滑的随形卵石状，再经过化学药品的染色处理，使磨圆的假子料表层或局部上色。对外行而言，“中仿”子料还是可以蒙骗过关的。

子料的高档仿品需要在料形上更加刻意仿真，用喷砂枪喷出凹凸不平的皮壳，表层着色更加考究，这种色皮的制作水平各有不同。

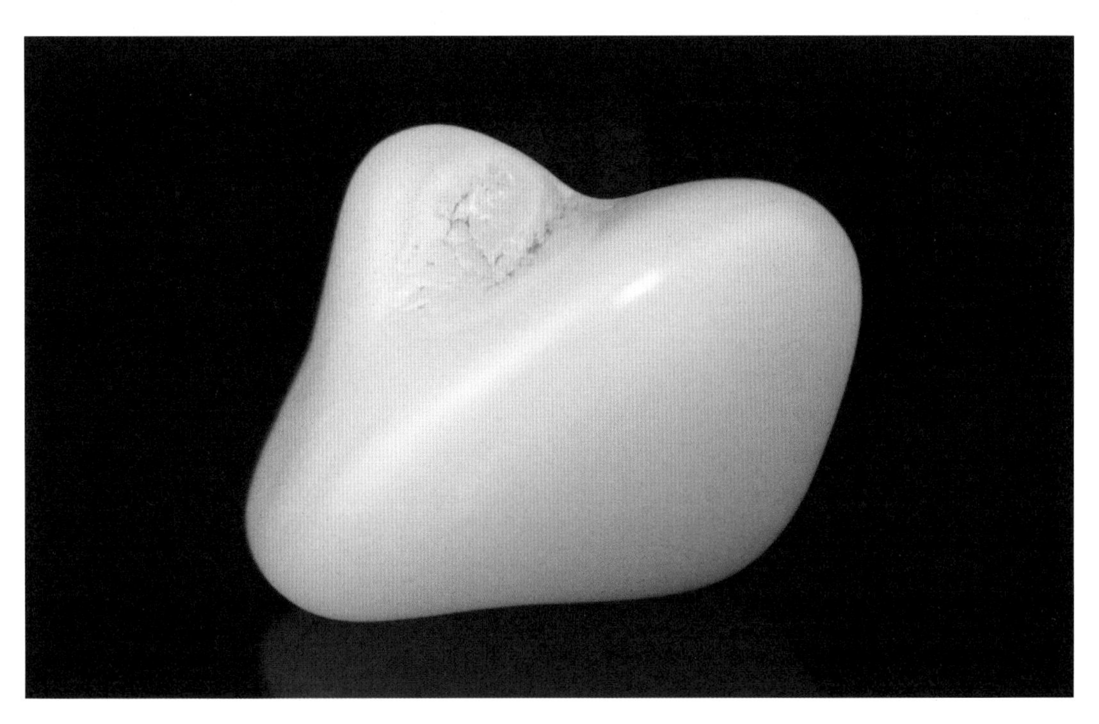

▲ 羊脂玉子料

真实的子料在河流中经历漫长岁月的冲刷荡涤，会因时间长短不同而形成程度不等的自然包浆或自然沁色，这种色皮或薄或厚，或深或浅。自然受沁，色泽的浸入过渡就会自然，是岁月形成的天然层次。

质地坚硬光润的子料上的沁色往往不多，在细密坚润的玉石表层色皮很难附着，但表层仍然会有细密的毛孔。千万年水土侵蚀形成的表层状态，不是人工可以轻易仿造的。

在子料“高仿”技术日益成熟的环境中，光白子料较难判断真伪。需要仔细察看大自然长期的沉积痕迹和特殊的毛孔、包浆。自然皮的子料皮肉呈渐变状，主要观察其层次感。

厚皮的子料确定是否真实皮壳应该不难，难的是看不透内质，这种子料在和田玉出产地新疆往往叫做“石包玉”，其学名叫做“璞玉”。厚皮子料——璞玉的形成年代比薄皮子料更为久远，内质往往更为细润。对这种子料的辨识重点不是皮的问题而是里面的“肉”是什么？春秋战国时“和氏璧”的故事就说明了璞玉未切开时难以辨别的复杂性。

“石包玉”有没有价值？有多少价值？这是需要“赌”的。经验和知识非常丰富的识玉高手，以手感、质感、皮壳形态、透光度等多种因素综合判断其价值，很多微妙之处难以清晰表述。

子料的价值在和田玉中最高，我们通常讲的和田玉之珍贵主要说的是子料和山流水料珍贵，而山料的价值在毛石阶段很难看透。

▲ 子料

▲ 子料

“好玉不雕”指的是和田玉收藏级的珍品，它很完美，无论握在手中把玩还是观赏，都能使人获得极大的享受。“玉不琢不成器”那是泛指需要经过雕琢为精美玉器后才能显示其价值的玉石。凡是大料以及形状很有特色、微有瑕疵的和田玉，雕琢后浸透文化和艺术的营养，会变得更有价值。

子料是和田玉中的优品，是和田玉的精华，“玉有五德”之说将高尚人士——君子的美德与和田玉的品性相对应，十分贴切。那种以蛇纹岩、石英岩或劣等和田玉山料仿制的所谓子料不可能达到这种境界，亦不可能琢为传世美器。

和田玉子料的成因和分布地域在地质勘探中基本已研究清楚，但资源量则很难科学估算。新疆的地矿专家曾有一种估算方法，即在昆仑山玉龙喀什河长 50 公里，宽 3 公里的主要产玉地段，以每立方米砂砾石含和田玉子料 30 克计算，假设开采深度平均 5 米，估算出资源量约为 15 万吨。减去已开采量 13 万吨，估计还有两万吨储量。

这仅仅是对能够生成子料的河流主要地段的预测，无论数字是否准确，经过几千年的开采利用，和田玉子料已经十分稀少是不争的事实。这和山料藏量仍然十分丰富的估算是截然不同的。

和田玉子料和山流水料的价值会随着时间的推移而越来越清晰地凸显出来。

子料分为狭义和广义两类，狭义子料指产于新疆境内的和田玉子料，主产河道有两条，分别是玉龙喀什河和喀拉喀什河，又名白玉河和墨玉河。

广义子料除新疆有产出外，俄罗斯也有少量产出，辽宁省岫岩县那种外形光润的黄白老玉中一些小籽也可归入其中。

从子料外形是否完美，又可把子料分为玩料和做料。玩料的特点是形状好，肉质细腻，少瑕疵和绺裂，无需雕琢就具有突出的美感。玩料存量极少，属子料中的珍品，价值很高，近年很受藏家追捧。而做料价值相对稍低，优质的做料通过巧妙设计雕琢，往往也能成为完美的艺术珍品。

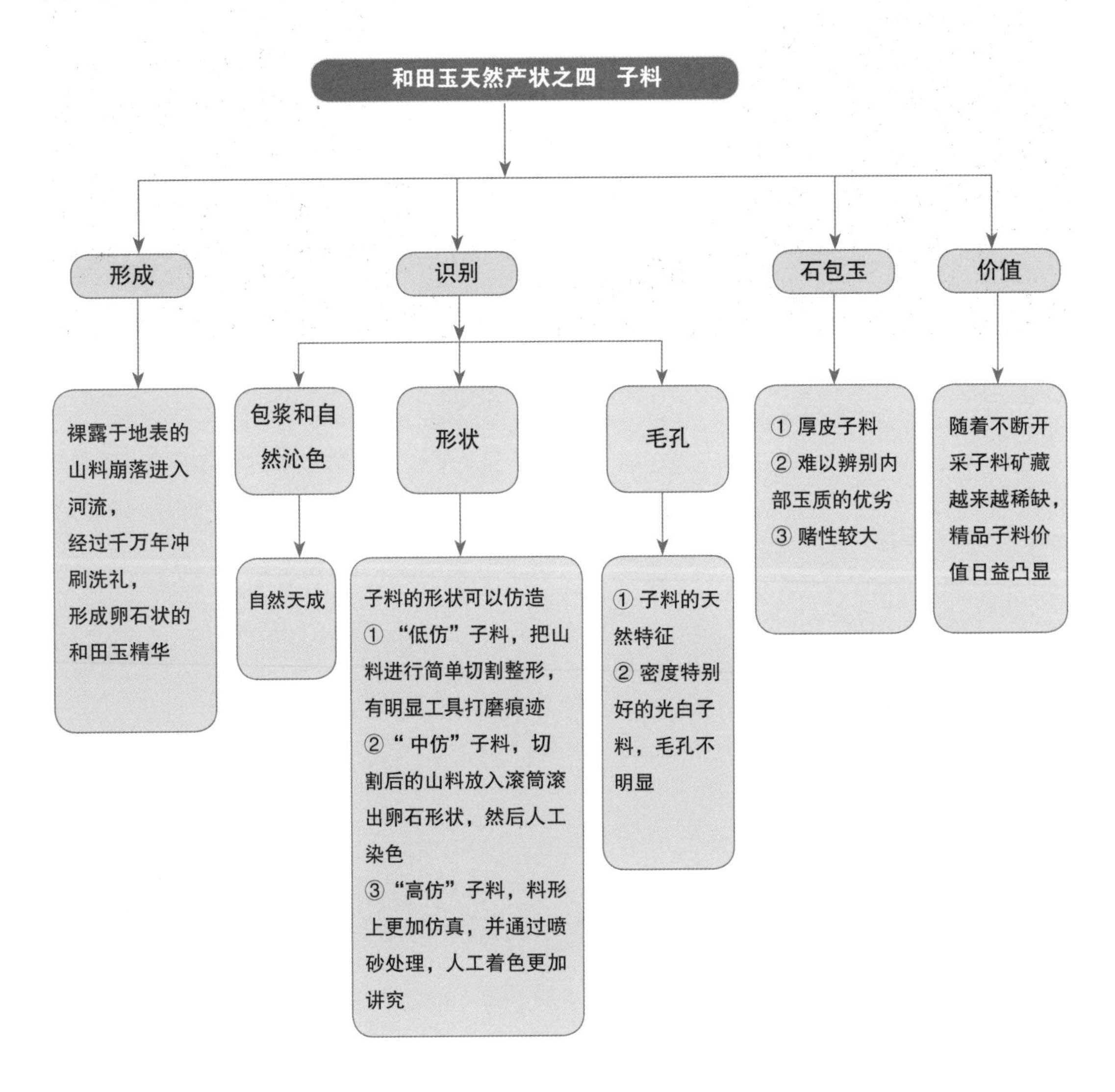

2. 质地

(1) 质地与观感

材质之美是和田玉最基本的审美特点。

评价和田玉价值的基础是评价和田玉质地的优劣。世界上绝大多数艺术品，都主要依靠艺术家的创作能力来表现其艺术美并体现其价值。例如书法、绘画、陶瓷、雕塑，这些艺术品的创作固然需要优选载体材料，但材料所占艺术品价值的份额极其微小。书画所用的纸张以及陶瓷、雕塑所用的泥土或金属毕竟无法与和田玉相比。所以，中国当代玉界著名学者杨伯达先生说："玉材本身具有美与德的双重属性，而这双重价值是金、木、革、羽等材料不具备的。反映在经济流通方面则是高价材料。因玉的种类甚多，品位不同，价格也有差别。和田玉不仅具有美与德的双重价值，是玉之精英、众玉之魁，又由于采集量有限，需长途运输，故其价格高过其他各地玉之数十、数百倍。鉴于上述情况，研究鉴赏玉器时，首先要识别玉的产地与素质，是和田玉，还是其他地方玉，这是玉材独具的价值观。"

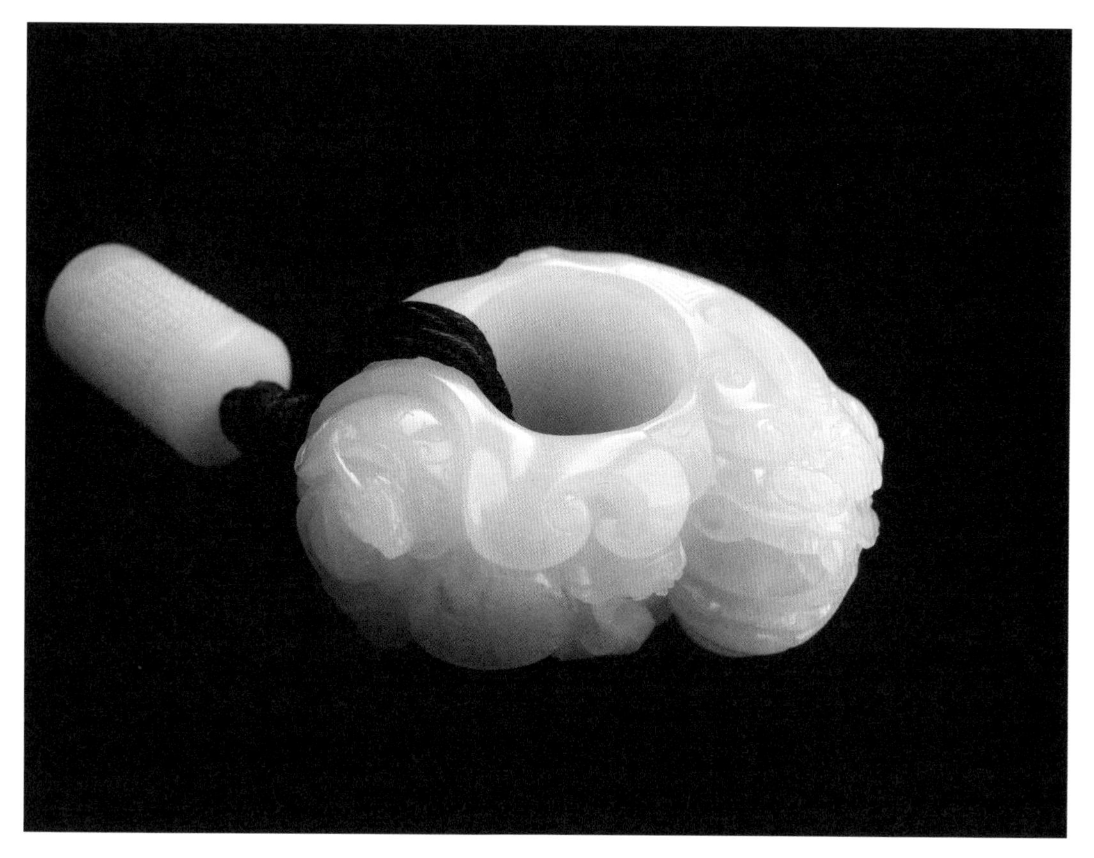

▲ "陆子冈杯"金奖大师作品《一统四方》

▲ 大师作品《飞龙在天》玉牌

和田玉材的质地评价主要指内部理化结构呈现出的观感，这是千百年来人们对于各类玉石使用过程中呈现的特质不断比较、总结、修正、提升的审美结果。

这种美的感觉总体而言是细腻温润、颜色纯正。过去有人总结“其色温润，常如肥物所染……此真玉也”。“温润”，是两千多年前中国儒家学者对美玉的总结，儒家的玉德观一直为中华民族所认同，成为心灵美与外在美的和谐统一。“肥物所染”形象地说明和田玉细

▲ 青花子料中的羊脂玉

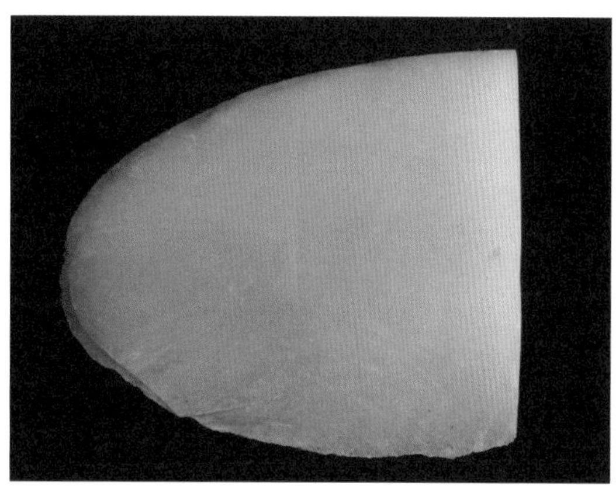

▲ 切开的高密度子料

腻仿佛油脂的感觉，这主要指和田玉的代表色——白色，而其中的极品就是像羊尾油脂一般的白玉，社会上美誉为羊脂玉。这个评价可以形容玉美，但成为衡量玉石质地的唯一标准并不全面。每个时代都有不同的审美观，唯有对美玉“温润而泽”的追求是亘古不变的。

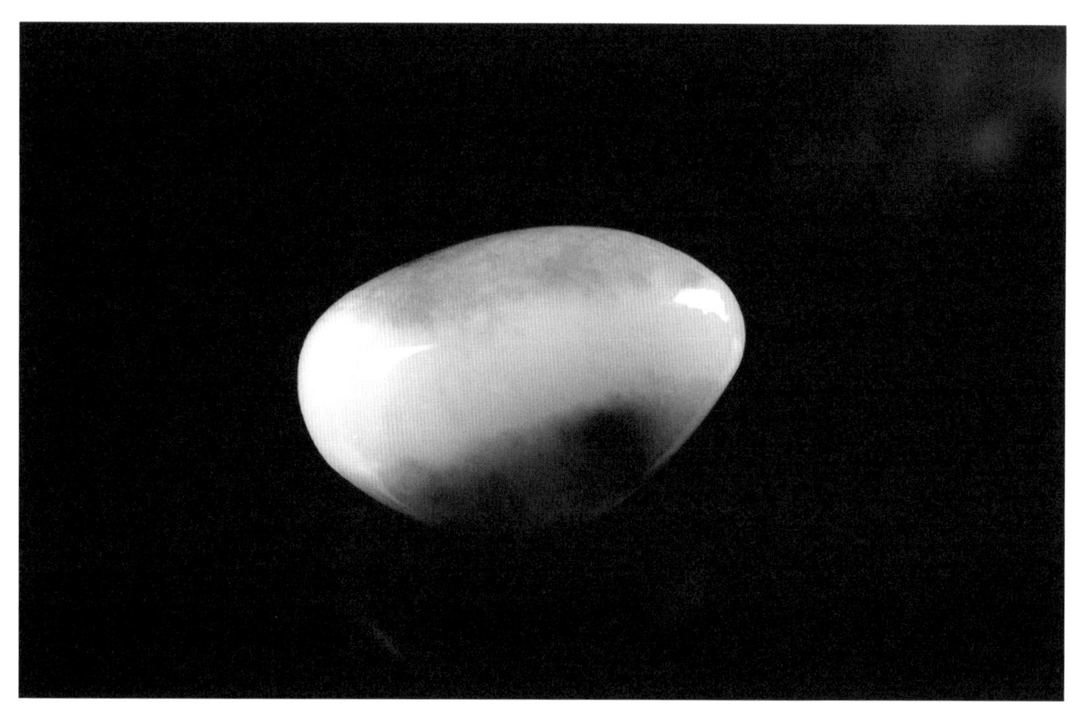

▲ 天地皮子料

温润的感觉是润而淳厚的,这种温和的厚重感被儒家文化宗师孔子称为君子优秀的品性,他讲玉有“十一德”，后来人们总结为“九德”，东汉许慎又归纳为“五德”，其核心的评价都首推温润。温润产生的美感与翡翠的翠绿通透之美以及宝石、钻石的熠熠光华之美大有区别。

所以，和田玉之美，重在玉质优良的独特观感之美。这种美具体表现为含蓄、平和、内敛、淳厚、温润，与中华民族文化心理形成的审美取向一致。

和田玉的质地与色种无关，只是不同的色种在市场上价格不同。有经验的专业人士常常从颜色的色感来判断玉质的优劣。同样是白色，属于什么白？自然的润白是上品，白中偏暖或略带青口都属上乘，白中发灰或发僵，质地就受影响了。碧玉也如此，灰暗的绿与菠菜绿相比，价值相差很大。而黄玉推崇色泽纯正的栗子黄和色泽浓厚油润的鸡油黄，我们的祖先早就形象地比喻了所崇尚色泽的参照物。浅黄的玉材在行业内称为“黄口料”，现在看来也很好，但与色浓的黄玉相比还是要逊色一些。青玉中，灰青不好，沙枣青就广受推崇，黑青也有特色。就墨玉而言，大片分散的灰黑观感不佳，工艺价值不高，黑如纯墨或黑白分明，各自的色度都完全到位、分布清晰这就是珍品。

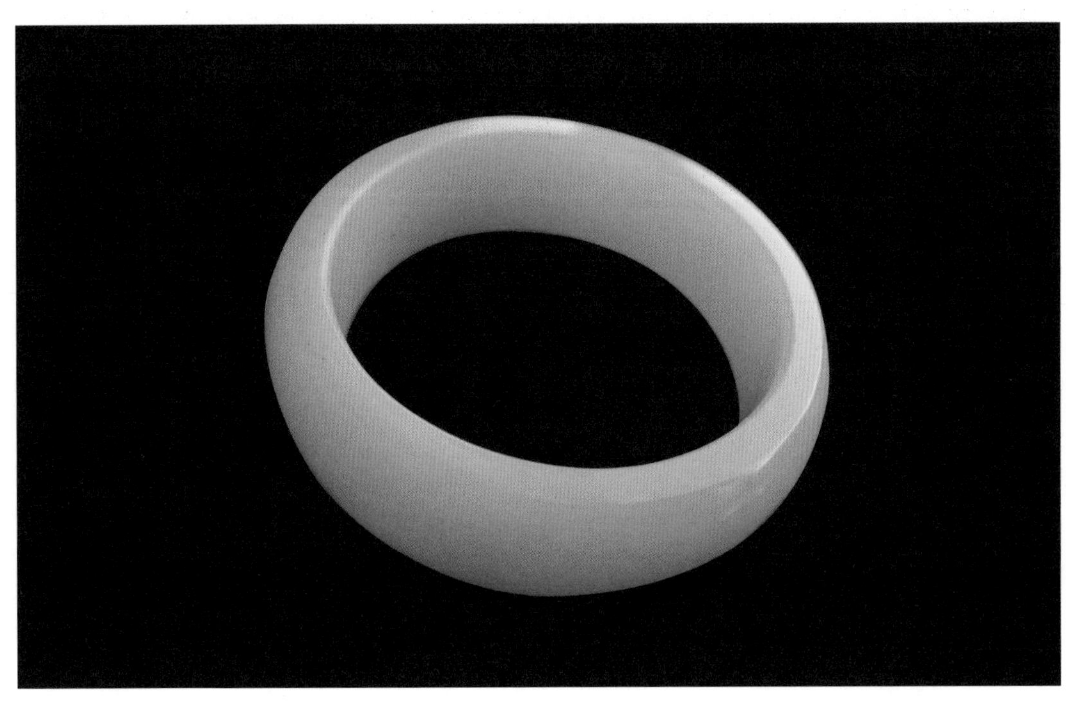

▲ 一公斤料只能做一只高档手镯

(2) 珍品对质地的要求

和田玉珍品类别不同，对玉质的要求是有差异的。作为收藏级珍品子料原石，除了要求玉色纯正、肉质细润外，对色皮和形态也非常看重，比如一把抓的牌型红油皮玩籽，要比不规整的僵皮子料更有收藏价值。然而用于加工创作，则要根据不同的创作题材选料。

做炉瓶类的器皿件，对玉料的体量和内质纯净度要求最高。它需要单体块重大，无绺无裂，内质纯净，这类和田玉玉料极其难寻。器皿如外表为素面的，稍有瑕疵必然显现出来，成为作品的重大缺陷。不完美的作品必然会降低玉器的价值。

高级手镯对原料也相当挑剔。一只边条稍宽的手镯需要耗费一公斤料。一公斤高密度的原料要求完全纯净无暇，实在很难寻找。也许需要切开几公斤或几十公斤的好原料，才能取得一公斤可以琢制手镯的净料。青玉、碧玉在昆仑山的贮量较大，寻料相对容易，白玉储量有限，开采到已实属不易，能获得一块无瑕的大块净料在业内简直是喜讯。如果还要讲究白度，还要达到羊脂的级别，那是可遇而不可求的。

玉牌较薄，面积较小，寻找合适的原料相对容易。但如果想要琢治一块大牌，找料仍然很困难。作为玉牌，要在一个平面方寸之间刻画表现人物山水或各类吉祥图案，如果材质不佳，

▲ 纯净的子料手镯心

各种缺陷就会清楚地表现在作品的狭小空间内。

玉雕人物对玉质的要求也十分严格。尤其是观音和佛，神圣慈祥、法相庄严，如果面部出现瑕疵或色斑都是无法容忍的败笔。

所以，素面的器皿、手镯、玉牌、人物对玉质的要求最为严格。材质的优良基础是决定作品价值的最重要因素。

但是，形态比较随意或题材适应性宽泛的作品对玉材质地的包容性就比较大，如手把件、玉山子、动物件、花鸟件等，都可以更多地因形创意、因材设计、因色施艺、挖脏去绺，对材料的选择可以相对宽松。

(3) 质地的五大要素

玉的质地首先要从观感判断。另外，做什么用途很重要。做一只手镯，如果发现这块原料质地不适合，有瑕疵，会认为质地不符合要求，但切出两块玉牌，也许正好合适，或者做一只手把件，可能成为珍品。

和田玉的质地，是由五个要素构成的。

① 细度

细度这个品质指标对任何珠宝玉石都十分重要。就和田玉来看，高密度的细料比内质疏松的材料价值高得多。

业内的观点认为，细度和密度不是一回事。细度指内部颗粒的细小程度，密度指内部颗粒的交织度和结合的紧密程度，指颗粒之间的间隙。道理似乎如此，但优质的和田玉内部不是由颗粒结构组成，而是极细的、纤维交织的毡状结构。辉石类的翡翠则是由无数细小纤维状矿物微晶交织组成。石英岩的玉石内部是颗粒结构。因此，为了方便理解，可以将和田玉质地的细度和密度合在一起讲述。

细腻度极好的优质和田玉在肉眼观感上有一种又细糯、又腻滑的感觉，一些藏家把细腻温润的和田玉形容成蒸熟的糯米年糕，非常形象贴切。

新疆出产的和田玉之外的一些广义和田玉以及其他透闪石类的玉材虽然也是纤维交织结构，但一般来说，普遍存在结构内部间隙较大、较松或内部颗粒状物较多的问题。有的结构也很紧密，但纤维状物较短，形成类似颗粒状。这样，必然影响材质的韧性。

新疆优质的和田玉子料观感极为细腻，无论是否为羊脂玉，那种观感一定是油脂状的，轻轻地抚摸似乎能融化，从内到外透出一种油脂的光泽。古人所说“内蕴精光”，即这种感觉。

优质和田玉材必须有强烈的玉质感，有玉质之美，观感十分舒适，那就是以细密度为基础，同时包含纯净、润泽、坚韧、晶莹等优良品质。

普通玉友不可能每买一块子料或玉件都送到专业部门检查内部结构的细密程度，简单的办法是在明亮的光线下用肉眼观察，一眼看去，内部结构应该不明显，但用专业电筒照射可见到结构，结构越细品质越好。如以肉眼观看，玉的结构很粗，那质地便是欠佳的。几乎看不到结构的和田玉子料是极品。用专业电筒照射或用放大镜观看一点也看不到内部结构，那有可能不是和田玉。

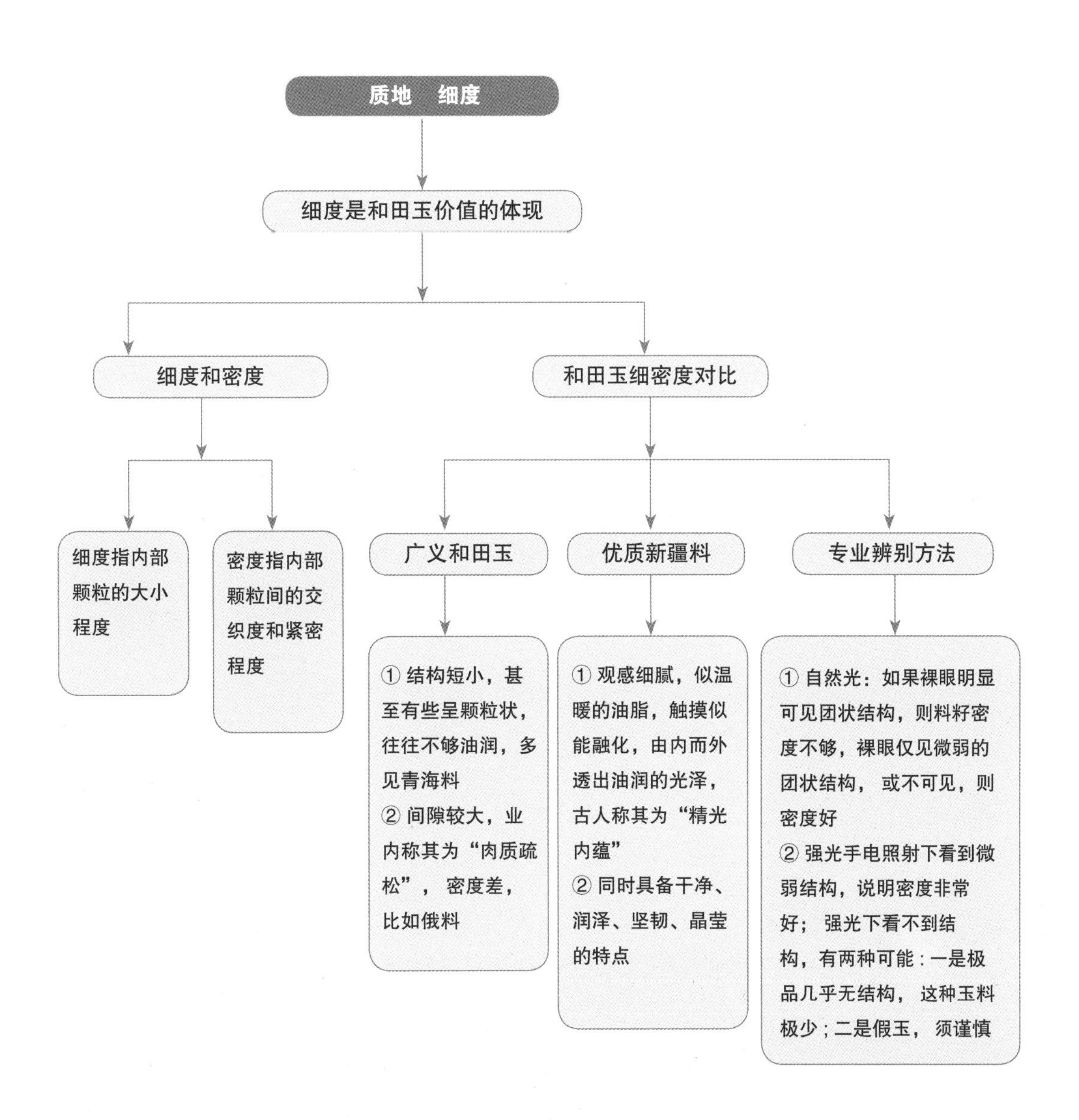

② 纯度

一块玉料的纯净度直接影响玉材的使用。纯不纯，业内的行话叫做“干不干净”。一块玉料很纯净，那么内部的“棉”“僵花”“石花”“石钉”“脏沁”“水线”“细纹”必然很少，这些瑕疵就是影响纯度的负面因素。纯净度没有细密度重要，一块玉料如果内质很粗，内部结构很疏松，对品质的影响是致命的、全局性的、不可挽救的，而一块玉料如果不干净，要看具体瑕疵有多少？分布在什么位置？也许可以局部利用，也许可以巧妙利用，虽然会影响珍品的出成率，有些浪费，但能够合理利用的话，依然能够成为创作珍品的基础材料。

和田玉作品的创作，是以减法来实现的破坏性创作。绘画是用色彩来表现，可以用颜色改变画面。玉雕创作则不可犯错误，留下来的是艺术作品，切下去的是废料，切错了不可能再生长回来。破坏性的创作虽然带来创作过程中的风险，但同时给不纯净的玉材留下了可利用、可改造的空间。

在所有的新疆和田玉玉材中，青玉、青白玉与白玉相比纯净度更好。当然也有特例，如新疆喀什地区塔什库尔干县大同玉矿的黑青玉（或称墨青玉）。这种玉料硬度极高，细润度

▲ 充满杂质的子料

一流，应是黑色和田玉中的良材，但实际上利用率很低。2008 年北京奥运会举办前，新疆历代和阗玉博物馆为了给北京奥运会献礼，要选送一件正宗的新疆和田玉作品去参加评选。我设计了一款塔什库尔干墨青玉料的九龙玉牌。这款玉牌宽 5 厘米，高 7 厘米，牌型较大。原来预计一公斤料切两块牌片应该没问题，谁知一公斤料切一块也办不到。切开后的玉料凡是细润的部分必然充满石花和裂纹，质地粗糙的部分，内部的毛病却很少，真是奇怪。结果，做一块玉牌要耗费原料 5 公斤。成本虽然增加了，做出的玉牌还是保证了品质。这块玉牌的中心设计了一颗羊脂玉的圆珠，圆珠上镶嵌了火焰形的金丝，玉牌正面为九条玉龙，观感大气深沉，风格独特。玉牌荣获国家文物局颁发的“中华民族艺术珍品”称号，我们也领教了和田玉材的复杂性。青海格尔木的黑青料内质比较干净，可利用率较高，但存在石性较大，润泽度不如新疆料的问题。

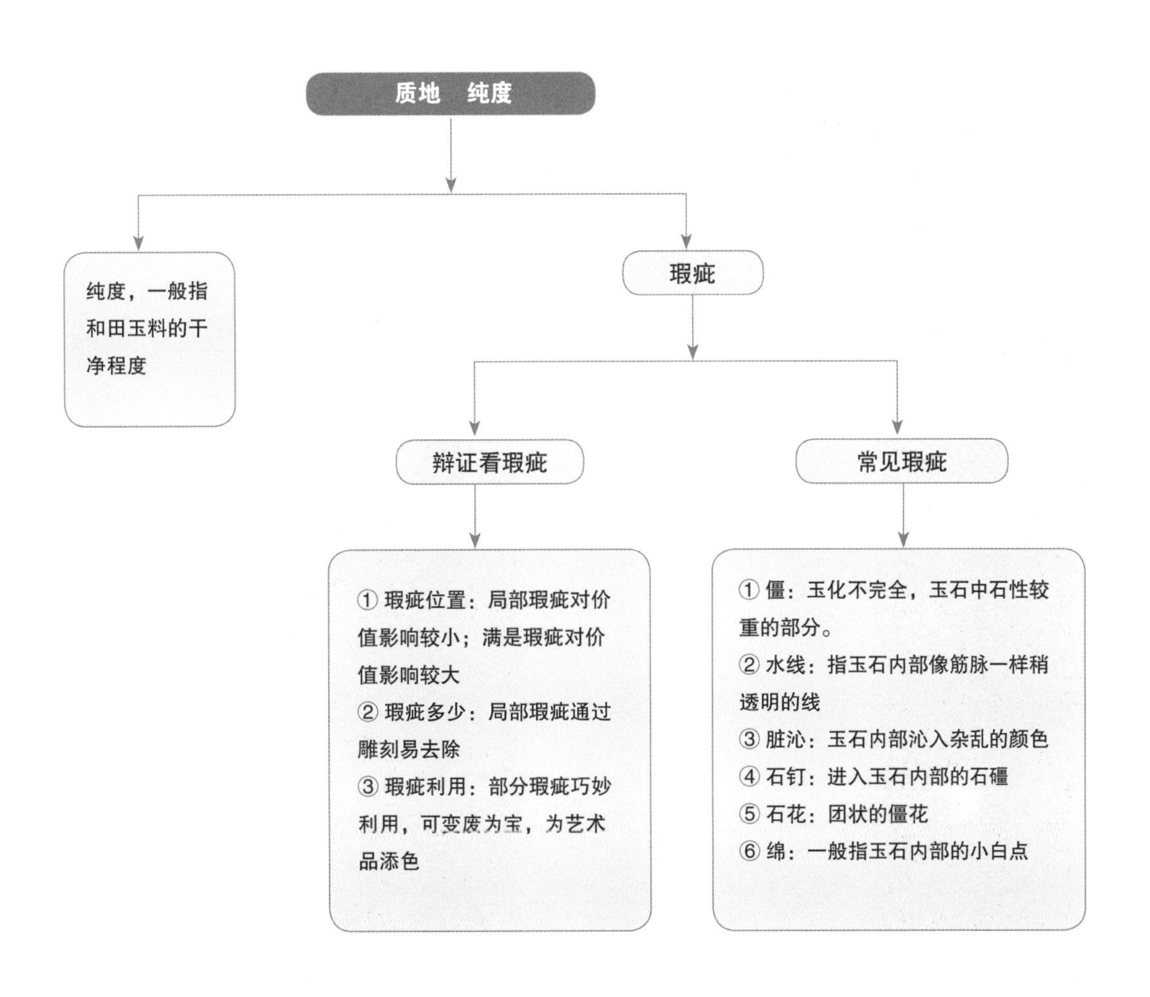

③ 硬度

根据专业机构提供的数据，和田玉的硬度一般在摩氏 6.5 度 ~ 6.9 度，少数略低于 6.5 度。同属和田玉系列的一些玉石硬度更低一些，比如青海料和韩国料，同样是新疆和田玉，青玉和碧玉的硬度普遍要超过白玉和黄玉，子料的硬度可能还高过山料。

与质地中的其他要素指标不同，硬度是和田玉品质的一项绝对指标。硬度够不一定是和田玉，但硬度不够则一定不是和田玉。硬度还决定了玉器加工后抛光的亮度，材质过软，不可能产生那种晶莹剔透的玉质之美。

专业机构检测和田玉的硬度都会使用专业仪器，用得比较多的是摩氏硬度仪，它的标准有 10 级，采用的是对比法测试。这种测试比较方便，但数据简略。还有一种维氏硬度计，是以压入式检测来计算硬度。

▲ 大师作品　和田玉子料《璜首佩》

由于年代久远风化剥蚀的原因，实际上，一块玉材不一定每个部位的硬度都是一致的。如厚皮子料的外壳硬度与内质就会有差别，即便是有些山料也会有风化层。

业内人士在市场上判断一块玉材的硬度时，往往凭经验。有疑点时可能会拿硬的刀片或者钢锯片刻划玉的表面，如果连硬度 5.5 左右的刀片都能在玉石表面刻划出痕迹，那玉料肯定有问题。也常有人用玉件的一角去刻划玻璃，在玻璃表面刻划出痕迹的玉件硬度应该达到标准。这些土办法并不专业，只是一种辅助手段而已。另一个问题是，有的石英岩硬度能达到 7 度，能刻划玻璃，而石英岩是目前市场上仿冒和田玉的主要玉种之一。单纯用刻划的土办法去判断是不是和田玉是不准确的，如果判断一块玉的质地，不送到专业机构去检测而仅用土办法，还需要参照其他指标进行综合评判。

玉雕工艺界认可的高档玉器硬度必须很高，硬度不足则认为档次不够。这与硬度带来的工艺美感密切相关。

讨论玉石的硬度还要看其韧性，韧性是硬度指标中的另一个方面。坚韧而不是单纯的坚硬是新疆和田玉又一个优势特色宝玉石界专业人士认为，韧性是指抵抗分裂的能力，硬度大不一定韧性强。韧性、脆性和硬度有一定的差异，脆性是指宝玉石在外力的作用下容易破碎的性质。例如，钻石是最硬的宝石，但是容易破碎，经打击很容易沿纹理裂开。韧性相对于脆性而言，脆性大的宝石，其韧性较差，反之亦然。

碧玺的硬度较大但性脆，和田玉硬度小于碧玺，但是其韧性却远远大于碧玺。

关于韧度，专业机构例举的数据说，黑金刚石为 10，和田玉为 9，翡翠、红宝石、蓝宝石为 8，金刚石、水晶、海蓝宝石为 7 ~ 7.5，橄榄石为 6，祖母绿为 5.5，黄晶、月光石为 5，猫眼石为 3，萤石为 2。韧性还与宝玉石在加工过程中的稳定程度有关系，稳定程度根据机械稳定性、化学稳定性、热稳定性的大小分为：

稳定宝玉石：钻石、红宝石、蓝宝石、和田玉、翡翠、电气石等。

基本稳定宝玉石：祖母绿、橄榄石等。

不稳定宝玉石：绿松石、欧泊、孔雀石等。

古人所说的玉有五德，对玉的五种特性大加赞赏，温润放在首位，接下来对硬度的描述是："不挠而折，勇之方也。"关于韧性则说："锐廉而不忮，洁之方也。"前一句说坚硬，是勇敢的品性，后一句说韧性，虽然坚硬但断口不伤人，这是特殊的硬度，属于"软硬"。玻璃的硬度虽然只有 5.5 度，但断口是极易伤人的。可见，和田玉这种质地上的优点，两千多年前就被圣人总结出来了。

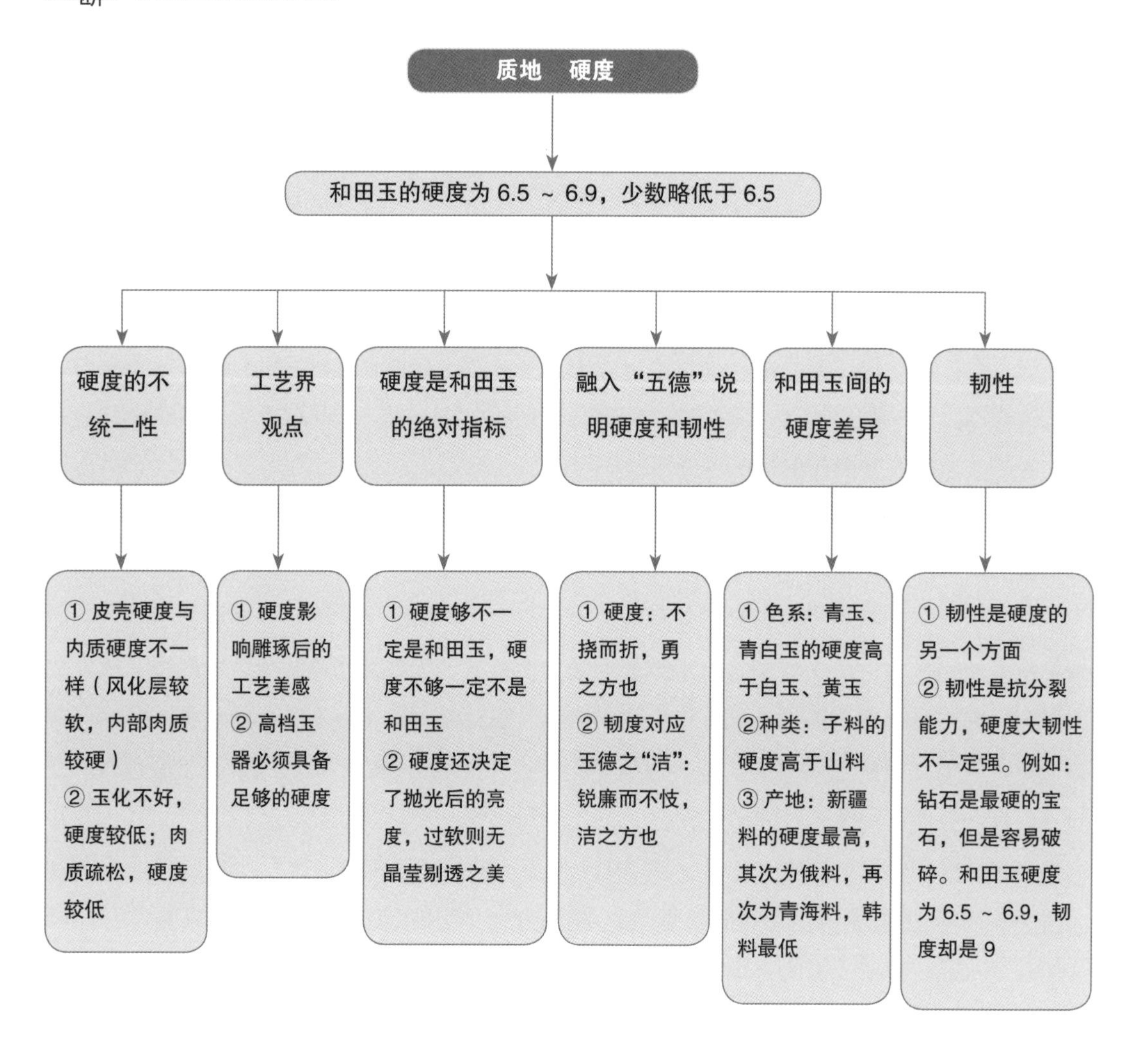

④ 透度

透度，在翡翠行业里称为“水头”，评价翡翠的品质要讲“种”“水”“色”“种”就是和田玉行业讲的玉质细密度，而“水”则是和田玉行业讲的透度。和田玉讲究含蓄之美，即透度适中，半透不透。用强光手电筒贴近照射而不能进光，那是石头不是玉，强光手电筒照射时材料过于通透则可能是青海玉料而不是新疆出产的和田玉料。

透度是比较模糊的概念，属于感性的经验判断，玉界往往以浑厚和油糯来形容透度适中的感觉，只有这种“老气”之感，才能融入细密度、润泽度、纯净度组成的综合特色中。“鲜嫩通透”是对翡翠正面的评价，用于和田玉则是负面的评价。

业内老手看一块和田玉料，除了看质地的一系列指标，还会仔细地看浑厚度。他们说“这块料太闷了”，那是透度不够，也许是石性重，影响通透性；也许是发僵，缺乏灵性。他们说“太透了”，那是对玉材产地的质疑，是对其纯正“血统”的否定。这种太透的玉材多半是青海格尔木出产。当然，这仅是一种大致的情况，不能绝对化，青海的老坑山料也有浑厚优质的，而新疆于田的玉料往往也有偏透的感觉。

总之，透度和润度一样，是一种感觉，这种感觉很微妙，是心灵的感受，不能用仪器来检测，没有公式化的数据。这种审美的标准，只有国人才会理解。有人说，和田玉的温润美、含蓄美，西方人不喜欢，属于档次不够，他们认为闪亮透明、张扬热烈的宝石才是上品。在我看来，这是东方文化还未被西方理解之故，他们不懂得中国的国粹，如同不懂得相声和京剧。文化的差异是“和而不同”，没有高低之分。所谓中国的玉石不如西方崇尚的钻石、宝石高级完全是错误的观点。

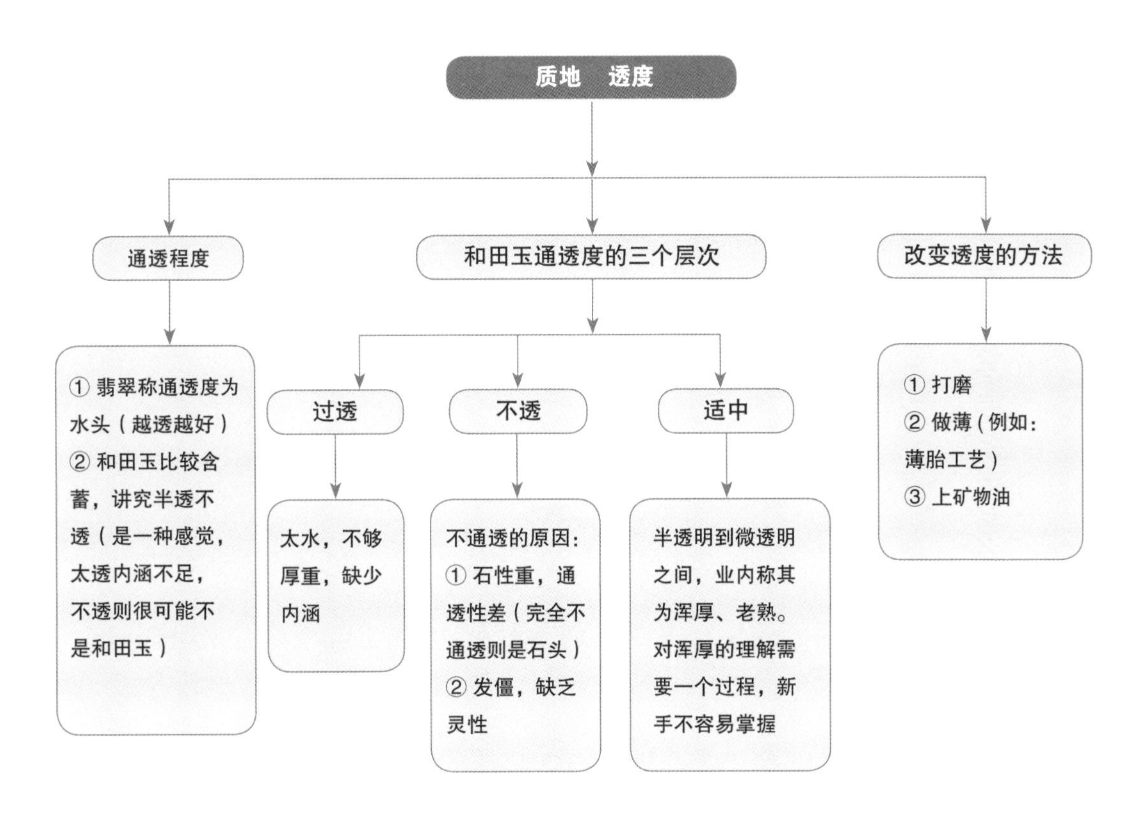

⑤ 润度

润度是新疆和田玉区别于其他玉材最重要的特点之一。几千年来中华民族喜爱的美玉之润就是德，就是仁。如果美玉不讲温润，新疆和田玉的优势就会大为减少。论白度，俄罗斯料和青海料都比新疆和田玉更白，论净度，新疆的和田玉也没有独特优势，但新疆和田玉的油润度和坚韧度是一流的，内行一眼就能看出。

和田玉的润度与玉料的矿物组成和结构有关。结构细腻才会滋润柔和，连玉石表面的光感都是柔润的。锋芒毕露、盛气凌人不是君子的美德。

业界极其重视玉的润度，润度好，一般被称为“脂分好”“油性好”。在市场上，如果你认为某个商家出售的玉件不是真正的新疆料，那么，底气足的商家会坚定地让你仔细观看玉件，并指出：“看看这脂分，怎么会不是新疆料呢？”可见，润度成为新疆和田玉的品牌特征，成为新疆和田玉正宗血统的象征。

油润的感觉应出自材质的内部，但市场上出售的许多玉件的油润感都只在表面，是天天盘摩而产生的润泽感，或者是因为保养而涂擦的液体石蜡。玉件的油润感与打磨抛光工艺以及硬度也有关系。这些外在的油润感与内部透出的油脂光泽是不同的。

要想准确地判断，可以看看未经打磨的玉材，看看切割痕迹就会知道，金刚砂锯片切割形成的弧形痕迹会显示出玉材内质的油润度。用手去感觉玉料的润度全凭感觉，抚摸玉面，似乎略有阻力，像手指在抚摸一块新鲜的脂肪。这是实践的总结，也是爱玉人士内心的感受。到目前为止，对润度没有科学的检测方法，这需要多去观察和动手实践。手感的把握只能依靠经验。

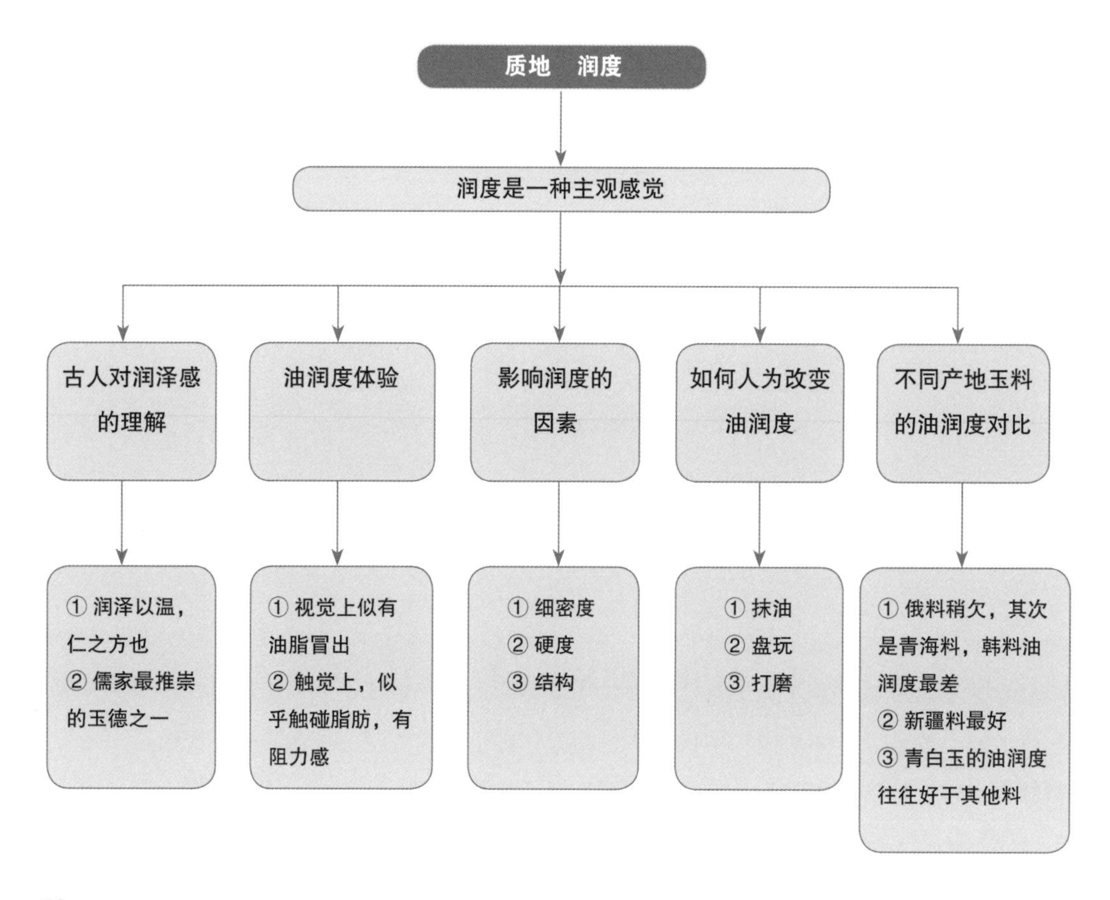

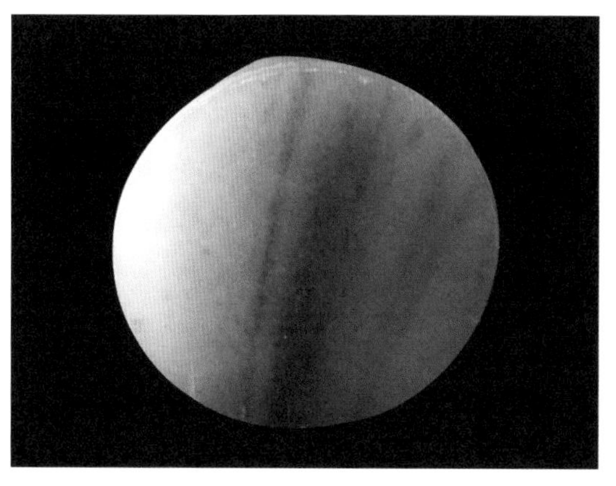

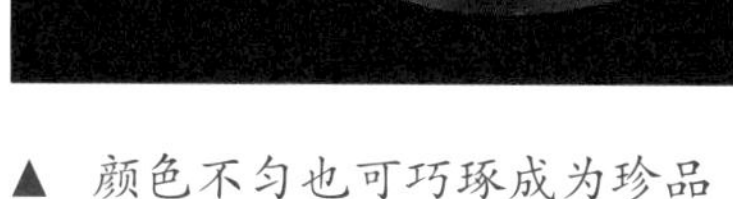

▲ 颜色不匀也可巧琢成为珍品

▲ 青白原料

(4) 质地与价值

决定和田玉料价值的最主要因素包括产地、产状、质地、色种，还有块重、色皮、色相、料形等，这些因素综合评价，共同决定着玉材的价值。

有的玉界人士将和田玉的质地水平做了一些划分，分为特级、一级、二级、三级，颜色也分级别。事实上，这种分级不好确定。例如山料中的瑕疵和杂质，仅看外表很难看清楚，所谓“神仙难断寸玉”即是这个道理。轻工部门根据单体块重的不同将玉料划分不同的级别，现在有关机构又根据色泽深浅分出若干白度的级别，无论如何划分级别，基本上只有专业机构才能解释各类级别的标准，不确定性仍是存在的。收藏家、工厂作坊和玉友们仍然是按照自己理解的收藏标准和质地标准选择玉料或作品。这就出现一个问题：一方面，千古流传的羊脂玉深入人心，人们都知道它是珍品；另一方面，国内许多城市玉店众多，有的城市如乌鲁木齐、西宁、格尔木、南阳甚至满街都是玉店，即便排除仿冒赝品，具有专业机构检测证书的玉器、玉件也是海量。

事实上，充斥和田玉市场的大多数是新疆和田玉的“兄弟”，即和田玉大家族中的一员，如俄罗斯玉、青海玉、韩国玉……这些玉种与新疆产的和田玉相比，普通玉友难以区分。即便是新疆产的和田玉，质地的差别也很大。收藏或定制和田玉珍品，要关注产地，更要重视玉的品质。“不怕价高，就怕买错”，这是古玩市场的经验之谈，用在今天的和田玉市场十分合适。

和过去相比，当前和田玉在市场上的价格已经很高了。这个价格是相对的，如同房价每平方米几百元时，人们认为价高，几千元一平方米时更感到价高，每平方米几万元了，还得承受。艺术珍品日渐稀少，这只是价值的回归而已。可以断言优质和田玉的价格还会上涨，那是质地优良的珍品，珍品是具有永恒价值的。

优质和田玉具有极高价值，表现在以下几个方面：

① 独特之美符合中华民族的心理特质

和田玉温润晶莹，坚韧细密，这种美玉几千年来就被赋予了深刻的内涵。它坚硬，同时具有顽强的韧性；它美观，又平和内敛。孔夫子说“言念君子，温其如玉”，将君子之德与和田美玉之特质联系得十分贴切。说明了内心美、含蓄美、内敛美才是中华民族崇尚的君子美德。温润坚韧的品质是修身养性的典范。

几千年来，和田玉一直传承着中华民族的人格精神，体现了物质美与精神美的高度统一。一个民族几千年崇尚的珍品，当然具有极高的价值。

② 材质珍稀，资源匮乏

物以稀为贵。如前文所述，人们看到街头巷尾到处都是玉店，玉店里摆满了玉器玉件，要寻找珍品却是不易。很多玉友欲购买高档手镯，苦苦寻找却不能如愿。一公斤玉料只能做一只手镯，试想，一公斤羊脂级别的玉料无瑕疵无裂口，在哪里能寻找到？新疆出产的和田玉深色类居 90% 以上，这剩余的 10%，羊脂级别的不知能否占到一成。目前大块的羊脂玉几乎没有，小块的羊脂玉只能在糖包白料和青花料中挖出来，星星点点，弥足珍贵。至于高白度、

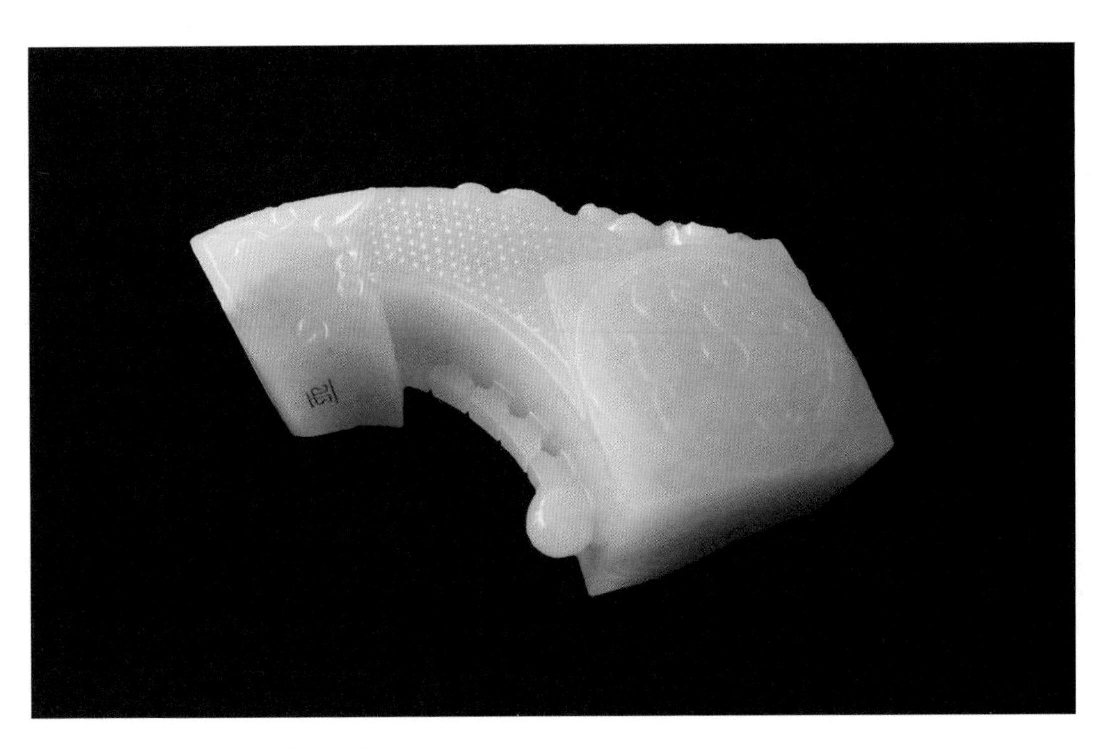

▲ “陆子冈杯”金奖《璜尊》手件

高级别的子料，一般只是流传在网络和图册之中，高端会所和博物馆里多作展品珍藏，市场上几乎绝迹。目前市场现状是普通玉料过剩而珍品玉料匮乏。

③ 珍品对良材的依赖

市场上最受欢迎的手镯、牌佩、器皿以及观音，都需要高品质的玉材来制作，以和田玉几千年来开发的品类和已知贮量以及成矿条件来看，要满足市场高标准玉材的需求几乎不可能。以器皿件为例，一个高30厘米的玉瓶或高15厘米、直径15厘米的玉鼎、玉炉，至少需要单体块重10公斤的净料，不能有绺裂，不能有瑕疵，材质必须细腻。如果没有这种上好的原料，和田玉珍品就制作不出来。经典的玉雕艺术品离不开优质的玉材。和田玉艺术品区别于其他艺术品的最大特点是材料至上，离开材料谈玉雕创作基本上属于外行的空谈。

▲ 未雕琢前如同废料

就当前市场上大量的俄罗斯料、青海料、韩国料来看，其品质条件都不能超越新疆和田玉料。例如韩国料内质疏松，很难琢为高档玉器，优质俄料和优质青海料当然也不错，但不多见，普通青海玉料可以满足市场供应，但琢制出的作品上水线与瑕疵及过于通透的缺陷却一览无余。

▲ 局部利用后成为珍品

④ 易于收藏，恒久传世

和田玉坚韧牢固，体量一般不大。博物馆展出的出土古玉，在地下埋藏几千年依然完好如初，而纺织品、书画、木器、陶瓷、金属器保存的条件比较苛刻。我们现在能看到的书画作品距今一般在一千年左右，出土完好的唐代服饰成为稀世珍品。和田玉的保存没有陶瓷易碎、金属器易蚀、木器易朽这些问题，也无需特殊的保存条件和技术。这些年，高级别的和田玉子料也成为收藏品，子料直接收藏更为容易，几乎是永世留存，恒久不变的珍品，当然价值也会不断攀升。

(5) 工艺对质地的改变

玉材本身的品质是不会改变的，但玉材如何利用与工艺有关。一块同样的玉材，在不同玉师手中，可能产生不同的艺术效果。

▲ 用瑕疵子料琢治的珍品葫芦

① 局部利用

子料原石的收藏讲究皮色与料形，子料或山料的创作加工则可不拘泥于料形。一块原石子料整体质地优良固然属于完美之宝，如果只有部分可用，则可用其精华，去其糟粕，对玉材做最大化利用。一位已故的老一辈玉雕大师曾经对玉器加工做过极为精辟的论述：“次料可伤其料、其形，而高档料却不可伤料，可保其质。”

玉器设计是根据材料的纯净美质进行的。因材设计、因料施艺是玉师们展现创作才华的重要原则。当一块玉料品质不好而局部可利用时，只要充分利用好局部玉料，依然可以创作出稀世珍品。

② 挖脏去绺

凡是主体为圆雕、透雕、镂空雕或表面雕琢纹饰的玉器，都可以在创意设计和雕琢过程中允分挖脏去绺，将玉材中的瑕疵、绺裂尽可能剔除，保留质地良好的部分。素面玉器对玉材质地改变的空间就很小，对玉材的选用就十分挑剔，它无法包容玉料中的缺点，它显现的美感多是材质之美、造型之美而不重在工艺之妙。玉质之美无须借助机巧之奇，如手镯、素炉、素瓶都是如此。

玉山子和圆雕类人物摆件、动物摆件、花鸟摆件及手把件包容性强，容易通过不同的构思设计来改造玉材。玉师在相玉之后，会对玉材的状况作出大致的评估，确定题材与主题，又会根据材料的瑕疵与绺裂深浅及走向进行初步处理，描绘草图，层层雕琢，此过程会不断改变设计，调整思路。当作品完成后，呈现于世的玉雕珍品质美工精、创意独特、设计奇巧。殊不知，玉师创作的过程十分艰辛，一块也许不太完美的玉材经过精心的设计和琢治，使原料的品质得以极大改变和提升。

▲ 中心部分可利用

③ 妙巧利用

有的玉材存在的问题是整体性的，无法利用局部的雕琢工艺提升品质的美感。如果一块质地细腻的玉材却显得“僵死”，高明的玉师有可能采用镂空工艺以便极大改变玉件的观感。这种工艺利用玉料细腻之优势，避其内肉僵死之缺点，技艺之奇简直是鬼斧神工。一块颜色偏青的白玉，切为牌佩后可提升白度，甚至达到羊脂级别。优质的青白玉制作薄胎器皿或牌佩，都会脱青返白。这就是玉材的透光性，如同遥看大海是一片蔚蓝的汪洋，而盛起一勺海水却是透明无色。小粒玉珠和小件精巧玉器洁白晶莹，其制作过程往往利用绺裂纵横、不能成器的玉材顺纹切割，巧妙利用。工艺巧用，使玉料得到最大化利用，使玉材品质得到充分改变和提升。

3. 色种

很多人对和田玉的印象都是洁白晶莹的羊脂玉，其实和田玉的颜色是多种多样的。在故宫的和田玉典藏珍品中，除了白玉以外，还有很多其他颜色的和田玉。总体而言，和田玉的本色即原生色分为五类，即白玉、青玉、碧玉、黄玉、墨玉。颜色不是质量的标准，与品质无关，但不同的颜色与价值高低是密切相关的。

本书的第二部分论述了和田玉的天然产状为构成价值的重要因素，即千万年流水冲刷洗礼后的纯净子料价值最高，山流水料次之，戈壁料和原生矿藏山料再次之。天然基础影响着品质，这是客观因素。本章节所说颜色对价值的影响，主观因素较多。例如古代对和田玉颜色的分类和价值的认定即符合当时的意识形态。古人根据五行学说，依照四方与中央分配玉的五种颜色，东方为青，西方为白，南方为赤，北方为黑，中央为黄，这五种颜色为正色，其他颜色为间色。当然，现代对赤玉即红玉存有争议。不同的古籍对玉的颜色归类亦不同，白玉、青玉、碧玉、黄玉、墨玉这五类天然玉色是存在的。按照 2003 年颁布的国家标准，和田玉的颜色还有青白玉和糖玉这两种过渡色系。这七种色系是目前和田玉的基本颜色。

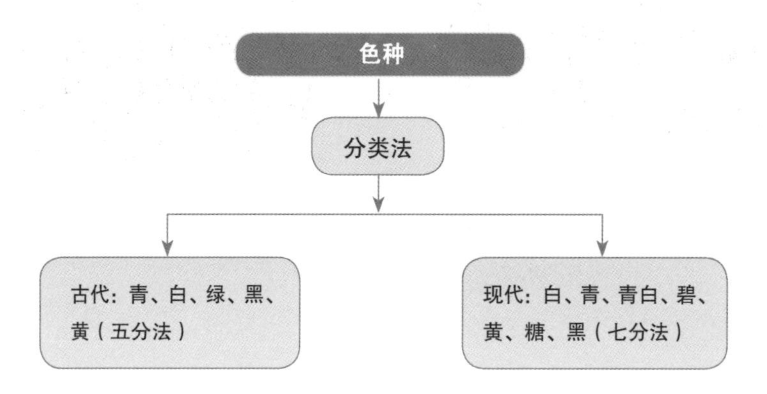

(1) 白玉

和田白玉含透闪石 95% 以上，颜色洁白，质地致密细腻，柔和润泽，呈半透明至微透明状。根据质地和观感，行业内又习惯将白玉分为羊脂白、雪花白、梨花白、象牙白、鱼肚白、糙米白、鸡骨白等。白玉的颜色不是一成不变的，除了纯正的白色以外，也有泛灰、泛黄、泛青等色调。根据带糖色的多少可进一步细分为白玉、糖白玉。糖白玉的糖色部分占 30% ~ 85%。按市场价值来看，白玉子料是白玉中的上等材料，色越白润价值越高，白而不润则达不到上等级别。

白色为和田玉中高价值色种，优质白玉往往被精雕细刻为“重器”。

羊脂玉是属于白玉类别的，是白玉中的极品，质地纯洁细腻，透闪石含量可达 99%，色白呈凝脂般含蓄光泽，它是白度与润度最完美的结合体。由于和田玉强调油润感，油润的羊脂玉恰恰符合了中国人的美学要求——温润。

有人用一个通俗的比喻来说明羊脂玉与白玉的关系，即白玉如果是“大学”，羊脂玉则是“重点大学”。在阐述羊脂玉的品质与色度时，有个问题仍有必要阐释清楚，现在的珠宝玉石鉴定证书上，经常可以见到有“羊脂白玉”这种鉴定结果。这会让许多初入行的人心生疑问：羊脂玉和白玉是一回事吗？这实际上是说羊脂玉与白玉属相同类别而等级不同。

专业的鉴定证书上这种你中有我、不分彼此的说法让一些玉友不甚清楚，如果想要辨清二者的区别，有必要了解区别点在哪里，仔细观察体会。

羊脂玉，色白呈凝脂般的含蓄光泽，这是因为它质地细腻含透闪石达到 99% 的原因。颜

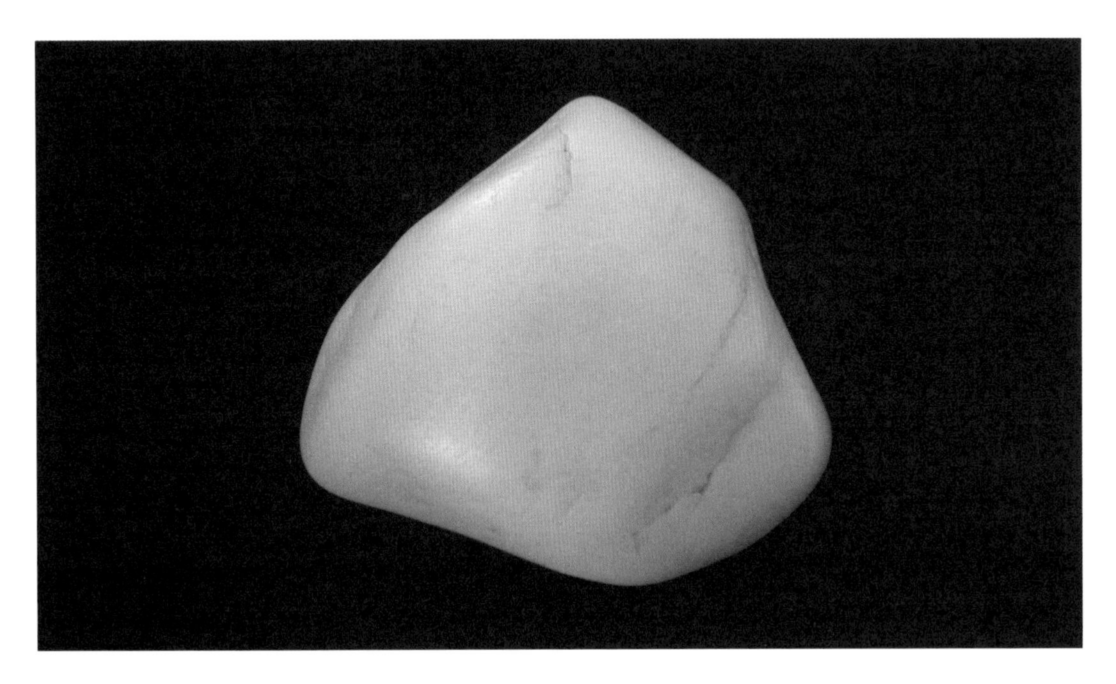

▲ 和田白玉

色呈脂白色，不是单纯强调纯白，可以微粉，可略泛青色，但偏暖色的羊脂玉价值高于偏灰色的羊脂玉。

羊脂玉的油脂性好，绺裂较少，可有少量石花等杂质（一般含 10% 以下），有的羊脂玉带糖色，但糖色应少于 30%。根据带糖色的多少可进一步细分为：羊脂玉、糖羊脂玉。

羊脂玉的观感如同刚刚割开的肥羊的脂肪。因为其硬度、润度极高，即使入土 2000 年也不会全沁腐蚀，这就是它的独特可贵之处。基于此特性，它的价值比其他玉种遥遥领先。已故中国考古学家夏鼐先生曾在文章中称：“汉代玉器材料中乳白色的羊脂玉大量增加。”实物证明就是汉代羊脂玉子料，因为其优异的质地而成为礼玉的首选。这也从理论到实践充分证明了羊脂玉的质地具有细腻、油润、致密、色匀的特点。

对着日光灯细细察看，会发现羊脂玉所呈现出的是纯粹的脂白色，为半透明状，而且有雾感。雾感的形成原因是它细糯的结构所致，这是业界常说的“白、糯、细、润”的特征，这种独特的温润之感，使人仿佛进入富有灵气而精光内涵的奇妙世界。你可以去轻轻抚摸柔和润美的羊脂玉体，可以感悟人与玉灵性的交流，去体味那种妙不可言的感受。而普通白玉在灯光下以肉眼观察，呈白色半透明状，没有雾感。在价值上，同等重量的两者在价格上却有数倍之差。

羊脂玉是和田玉中最好的宝物，目前世界上仅新疆出产此品种，产量十分稀少，极其名贵。

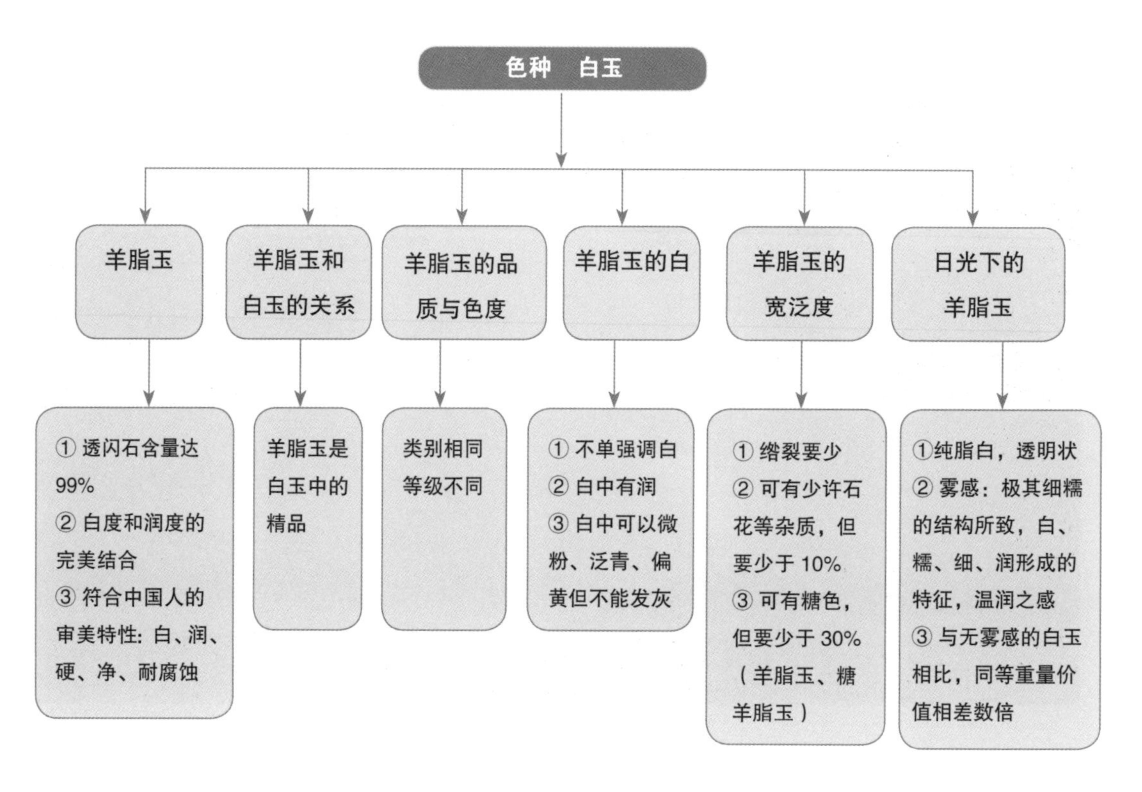

(2) 青白玉

在和田玉的品种中，青白玉的价值一直得到业界重视，它是颜色介于白玉和青玉之间的色种，颜色以白色为基础色，带有青色、青绿色、黄绿色、褐色、灰色等色调，常见有葱白、粉青、灰白等，属于青玉与白玉的过渡色种。青白玉的内质半透明至微透明，质地细腻致密，好的玉材观感呈油脂状有玻璃光泽。

它的色系分布较宽，上限是接近白玉，下限是接近青玉。由于青白玉的划分没有严格的标准，多是靠玉人的经验和眼光来识别，因而部分人会把偏白的青白玉归到白玉，而把偏青的青白玉归为青玉，这点需引起注意。其实在古代，青白玉是归为青玉的。就经济价值而言，细腻的青白玉有着较高的工艺价值，业界设计雕琢重器往往会选择葱白色调或者粉青色调的材料，而不用灰白色的材料，因为青白玉的灰白料加工雕琢成器后是不能脱青返白的，而葱白和粉青的材料创作器皿件掏膛制作后，白度会大为增加，和田玉的透光性使得优质青白玉制作的炉、瓶、碗类器皿件充分呈现出白、糯、细、润的玉质之美。

青白玉可归结为以下几种：

· 偏白色系列，这种青白玉颜色泛白，接近白玉，最受追捧，与白玉中的“白玉闪青”品种有着微妙的差异。偏白系列的青白玉，常被称作“高青白”，雕琢打磨后很容易“脱青返白”。

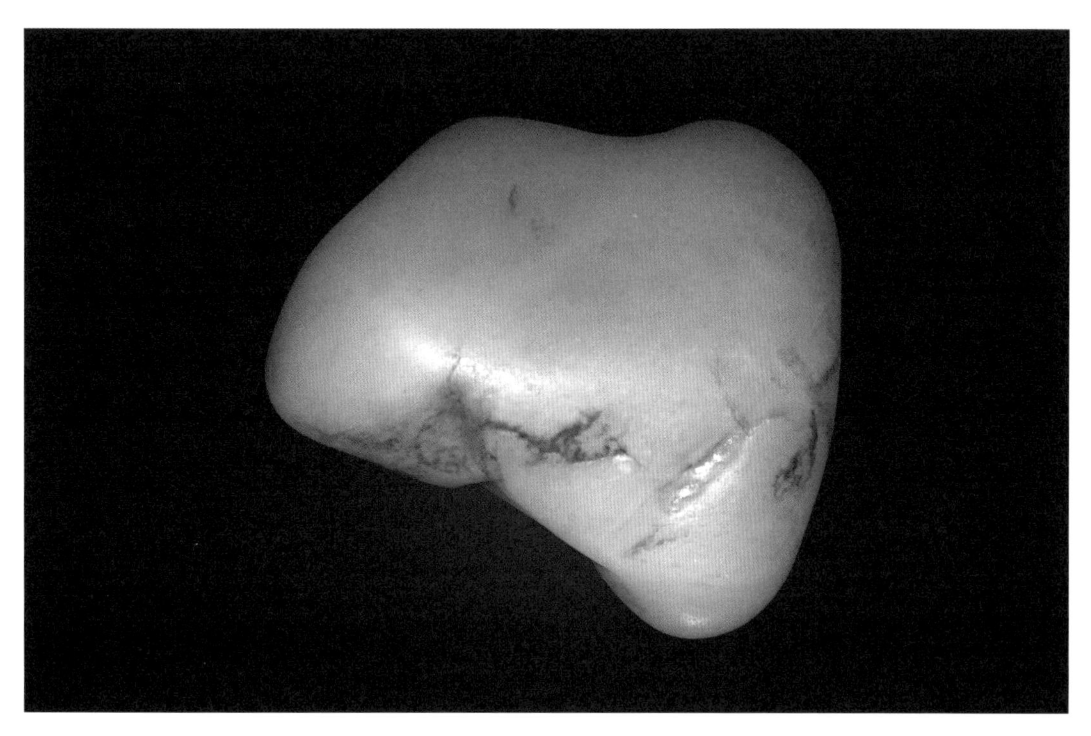

▲ 青白玉子料

· 偏黄色系列，这种色系的青白玉更容易显“老熟”，特别是偏黄的子料青白玉，往往显得老气熟糯，又温暖含蓄，因而也很受追捧。

· 偏青色系列，这种色系的青白玉较常见，比较受追捧的是亮青色，犹如秋高气爽的天空，给人舒适之感。此色系青白玉，多出现肉质极其细腻油润的品种，雕琢后能把玉石材质之美和工艺之美完美结合，产生很好的视觉效果。

· 偏蓝色系列，这种色系的青白玉不多见，较具代表性的是新疆和田玛丽艳产的铅灰皮子料，多呈现偏蓝肉质，属于小品种青白玉，有一定收藏价值。

· 偏灰色系列，这种色系的青白玉较多，但价值往往不高，原因是偏灰的色泽不符合国人的审美，外加偏灰料子多有发“闷”之感，质地不佳，最重要的是偏灰的料子雕琢后提色效果不佳，不会“脱青返白”，因而业内流传着“宁青不灰”的选玉说法。

也有部分青白玉带有糖色，被称为糖青白玉，多见于山料中。

优质青白玉的价值已在日益凸显，料形好，颜色正，肉质致密的高青白玉子料，部分已是按克标价出售。

玉中之王羊脂玉材料本身的经济价值极高，完全可以保持材料原态珍藏，而青白玉经过加工雕琢才能更好地展现出经济价值。因此，青白玉大多属于加工级的玉料。

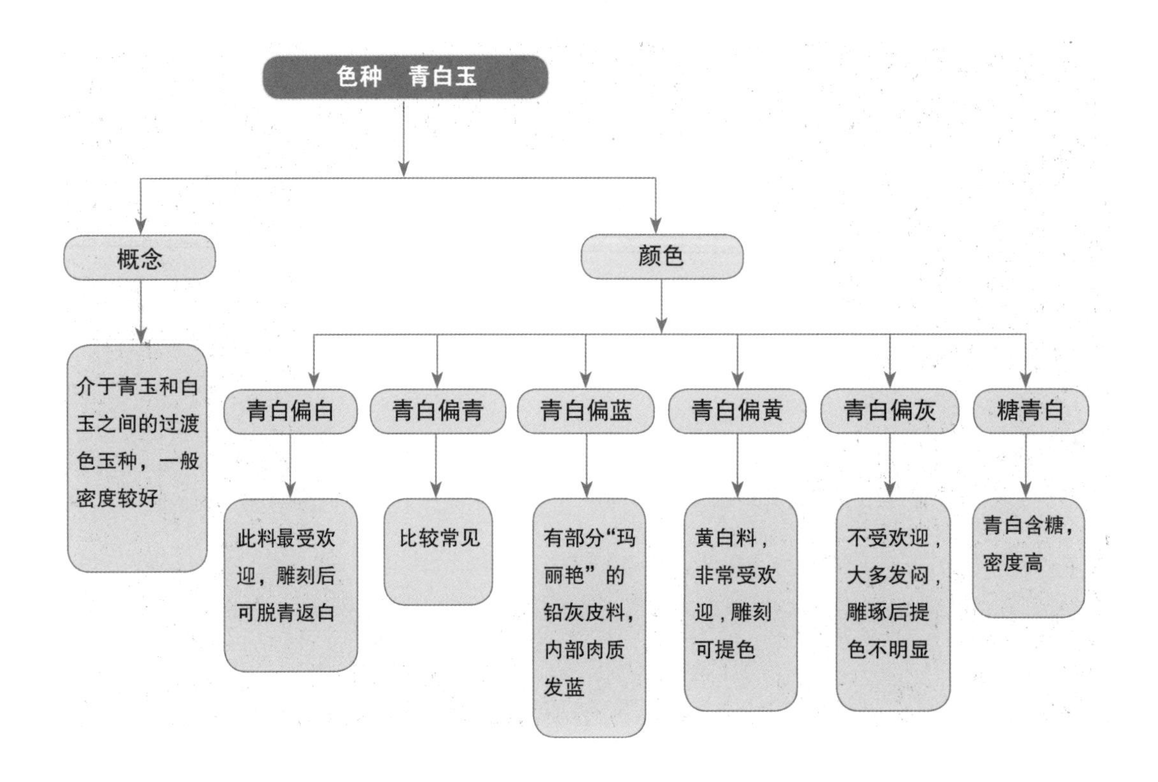

(3) 青玉

关于和田玉青玉，古籍有虾子青、鼻涕青、蟹壳青、竹叶青等描述。现代则按颜色深浅不同来进行细分，如青至深青、灰青、糖青、黑青、沙枣青等。青玉一般呈半透明至微透明状，质地细腻致密，有油脂及玻璃光泽。青玉颜色相比其他玉色更加匀净，更加质地细腻，所含透闪石比例低于白玉。它的储量丰富，是历代开发利用的和田玉主要品种，其中青绿色最好，淡青次之，偏灰的青色品级在三者中最低。青玉常见大块者，近年极受追捧的沙枣青，呈淡绿色，色嫩，质地细腻，是较好的品种，市场价值日渐高涨。

青玉的市场价值目前还处于较低的状况，人们认为青玉的储量和产出巨大，居各玉种之首，其颜色也不属高档玉器的主流。事实上，中国玉文化史中，青玉有数千年的使用历史，从商、周至战国一直扮演着重要的角色，直到汉代，儒学的兴盛使白玉受到空前重视。玉，不再是简单的物质属性，而被赋予政治、礼仪属性。玉成为划分阶级和等级的物质载体和精神载体，美玉的颜色才被人们重视，但青玉始终在文化舞台中占据重要的角色。

以金缕玉衣为例，汉代的规制帝为金缕，诸侯王为银缕，公主为铜缕，这是公认的。但玉衣的材质并不是很多人都明白。以西汉中山靖王刘胜墓出土的金缕玉衣为例，玉片共用玉2498片，金丝1100克，玉片主要为青玉。楚王墓出土的金缕玉衣共用玉4248片，金缕1576克，玉片主要由白玉、青玉组成。

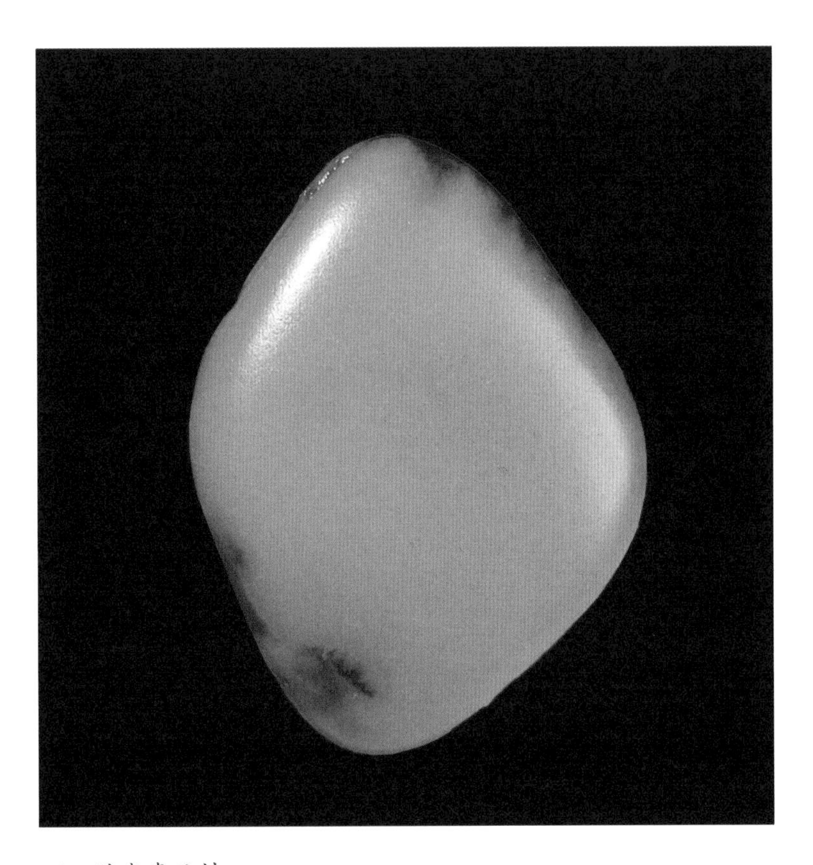
▲ 沙枣青子料

由此证明，在汉代，白玉与青白玉，青白玉与青玉之间并没有太清晰的划分，之间是有过渡与重合的。

至清代中期，青玉成为帝玺的重要选材。代表清王朝最高皇权的

25 方宝玺中，有 13 方都是青玉制成。乾隆时期，巨型山子雕《大禹治水图》《秋山行旅图》均以新疆产青玉为材料创作。

青玉包含的色度范围很宽，有青白、青、黑青等色。单纯从价值上看，青玉远不如羊脂玉、黄玉等玉种价值高，但青玉因其致密的结构，具有非常好的坚韧性，成为制作薄胎器皿的重要原料。

青玉的一个品种叫黑青，是指外观呈黑色的青玉，或是指青玉的颜色发黑，新疆喀什地区的塔什库尔干塔吉克自治县即出产黑青玉，当地俗称“塔青”，用肉眼看是黑色的，但是在强光灯下观看为墨绿色，绿中带黄黑色，以黑色为主，质地细腻，表面抛光后如镜面般油亮细润。

在强光手电下，黑青玉间或有石花，黑碧玉黑点杂质多些，这两种玉用强光手电贴紧照射，透明度都不高，只有边缘呈绿色。绿色有差别，这也是鉴定黑青玉与黑碧玉的一个显著特点。

青玉在和田玉中硬度最高，历史上有着“帝王之玉”的美称，其物质成分和形成因素与白玉大致相同，因所含铁元素而形成深色。

近年来和田青玉的价值开始被重新发掘，市场价格不断攀升，高档材料甚至出现“爆炸性”价格增长。

▲ 青玉子料

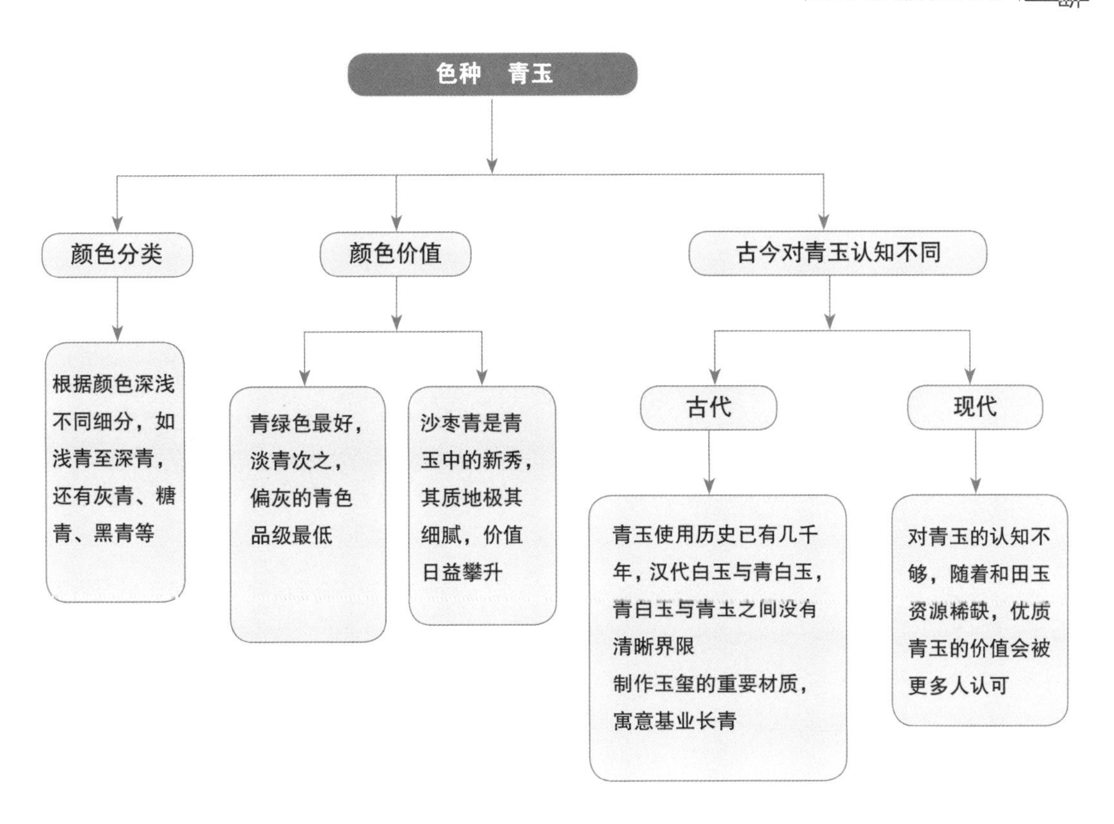

(4) 碧玉

碧玉为半透明至微透明状，质地细腻致密，泛油脂及玻璃光泽，含透闪石 85% 以上，为中档玉材。历史上人们熟悉的碧玉多产于天山，人称玛纳斯碧玉，颜色以绿色为基础色，常见有绿、灰绿、墨绿等颜色。颜色纯正的墨绿色为上品，夹有黑斑、黑点或玉筋的为次一档。新疆和田地区和巴音郭楞蒙古自治州且末县也产碧玉，颜色以墨绿色居多。根据国家标准，玛纳斯碧玉与和田等地产的碧玉都归入和田玉家族。

目前中国玉器市场上以俄罗斯碧玉、加拿大碧玉、青海格尔木碧玉为碧玉的主流。玛纳斯碧玉历史悠久，但如今品相好的玉料出产不多，大多数玛纳斯碧玉颜色不是很均匀，过于灰暗，其成品多定位在中低端市场。

和田碧玉常见有芝麻状黑点，颜色偏暗，油润度却很好。最佳者莫过于“老菠菜绿”（因色泽如同老菠菜而得名），既温润又细腻，比加拿大碧玉和俄罗斯碧玉价格高得多，其色泽浓艳者，绝对是收藏者梦寐以求的佳品。但现在这种极品极为少见，多数和田碧玉块度小，绺裂多，且有黑点，产量又低，因而虽然价值高却未能成为市场主流碧玉品种。

俄罗斯碧玉，来自邻邦俄罗斯，产量大，块度相对完整，颜色范围较广，目前市场上根

▲ 和田碧玉山流水料

据颜色将俄碧划分为菠菜绿、阳绿、苹果绿、粉绿、鸭蛋青等。普通俄碧也有块状黑点，但不乏一部分纯净细润，颜色纯正且无黑点的精品碧玉，用其制作的成品手镯和雕刻作品已慢慢成为玉器市场的主流品种。俄碧多是矿料，其中最有名的矿坑是“7 号矿”，此矿中出产的碧玉色泽浓郁，精品可达菠菜绿级别，深受市场欢迎，但因过度开采，资源已枯竭，目前已封矿。

加拿大碧玉颜色鲜亮，呈嫩绿色，少见黑点。其中的精品要属“北极玉”，产自极寒地区，以地域命名。北极玉质地细腻，光泽润洁，是加拿大碧玉中的奇葩，早在 1885 年就有北极玉进入中国，甚至一部分流入紫禁城，深受慈禧太后喜爱。北极玉储量少，开采环境恶劣，产出较少，因而在圈内未能广泛流传，不为人们熟知。

青海也产一种碧玉，颜色多发灰，等级不高。

碧玉中还有一种远观如同墨玉，称为黑碧玉或墨碧玉。墨碧在强光照射下为黑中透绿。

值得注意的是，市场上有一种与黑碧玉观感几乎相同的玉料，油润度以及强光下观察边缘的绿色均似墨碧，但硬度不够，实际上是黑蛇纹石材料，俗称黑岫玉。

与墨碧类似的还有一种墨翠，属于翡翠。初看似乎相同，外观都是黑色，不太透明至半透明状，手感和重量也大致相同，硬度均极高，能轻易刻划玻璃，强光下都是黑色中略透出墨绿色调。但是墨翠显得发干，缺乏油性，抛光部位的光泽为玻璃光泽，有一种剔透明亮的感觉，透光性也更好，强光下有明亮的艳绿色，皮肤与之接触有冰凉之感。墨碧玉更为温润细腻，油性强，透光性不强，皮肤与之接触有一种温和的感觉，这种感觉是温和而舒适的。

碧玉涵盖山料、山流水料、子料、戈壁料。其中山料主要产自俄罗斯，优质子料多产于和田。也有少部分戈壁料产出，由于恶劣的戈壁条件所限，精品十分罕见。

▲ 和田碧玉挂件

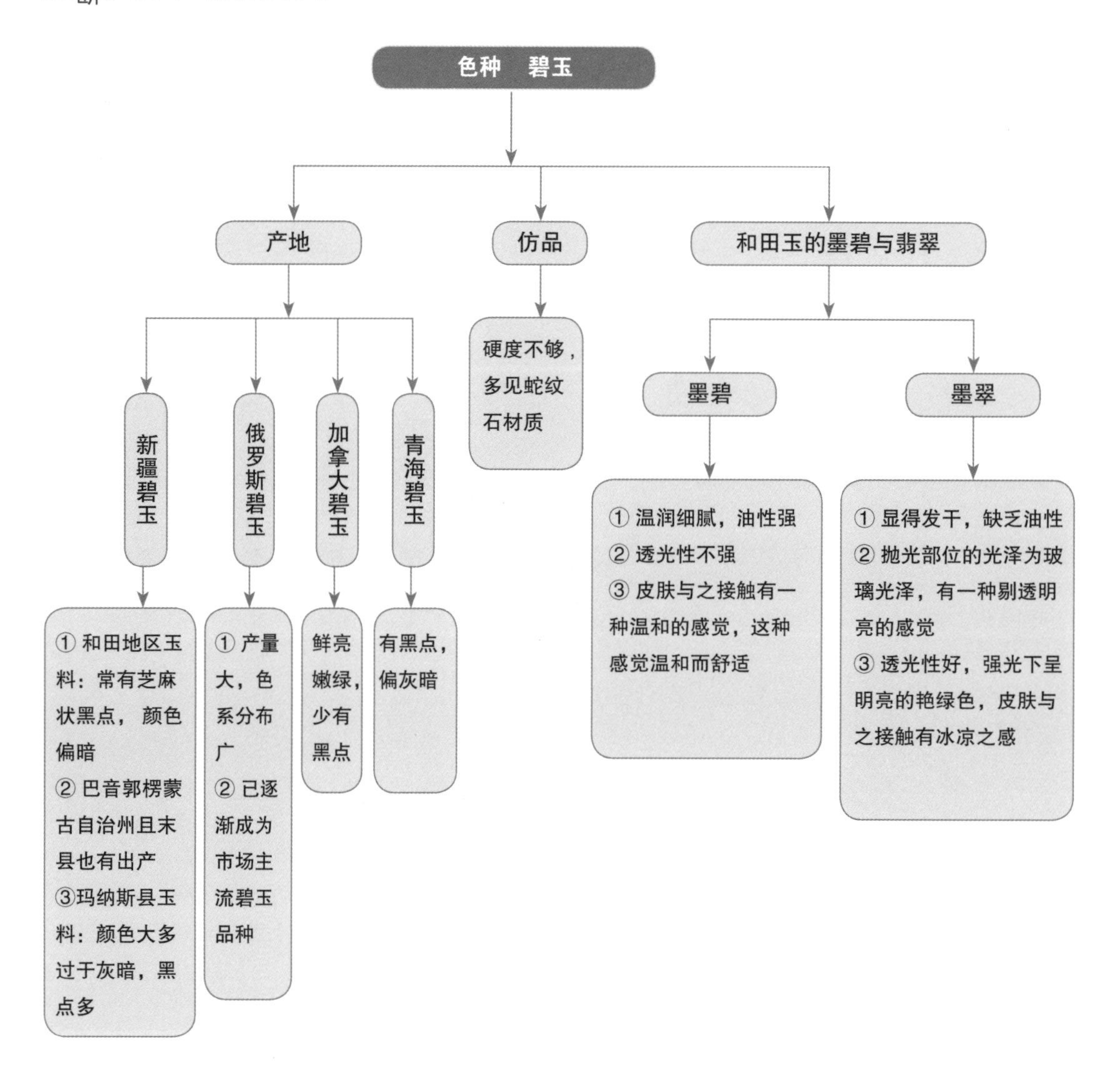

(5) 黄玉

黄玉作为新疆和田玉的主色玉之一，晶莹剔透、柔和如脂、质地细腻、观感滋润，以颜色正黄为玉中珍品，润如脂者身价极高。它稀有罕见，色黄似金，似大地的颜色，火焰的光彩，被佛教徒和帝王们视为神圣之宝。在我国古代，黄色代表王者之色，并为宗教所用，有崇高、华贵、威严、神秘之感。黄色亦被认为是阳光和大地之色。

黄玉的基质为白玉，因长期受地表水中氧化铁渗滤形成黄色调，常为绿黄色、粟黄色，或带有灰、绿等色调。根据色度变化，业界将黄玉的黄度描述为：鸡油黄、栗子黄、秋葵黄、黄花黄等。色度浓重的鸡油黄、栗子黄、秋葵黄极罕见。所以在玉石收藏界有这样一句俗语：

"世人只晓羊脂好，岂知黄玉更难找。"也有价值排行榜"一黄二白三墨玉"之说。这些俗语或行话也许并不符合实际，但说明了黄玉的珍奇稀有。

历史上对黄玉的评价极高，如明代高濂著述中亦有："玉以甘黄为上，羊脂次之；黄为中色，且不易得，以白为偏色，时亦有之，故而令人贱黄而贵白，以见少也。"高濂的这一说法是比较符合当时玉石市场的行情和人们喜好的。

黄玉的品种中有一种被业界俗称为"黄口料"的玉料，其产地多为新疆若羌、且末一带的矿山，多为原生山料。这种原料以黄色为主，绿色较轻，多为老坑料，玉质较细腻油润。东北的老黄玉颜色比新疆的黄口料稍深，品质亦很好，是目前市场上价值较高的黄玉品种。青海格尔木出产的黄口料则与新疆且末、若羌的黄口料相近。

古代玉器中有用黄玉琢成的珍品，如清代乾隆年间琢制的黄玉《三羊樽》、黄玉《异兽形瓶》、黄玉《佛手》等，韵味十足，富贵逼人。

在评价玉材的价值时，通常有物以稀为贵之说。实际上，稀少之物还要品质珍贵才有价值，并不是少量就一定贵重，如果不能达到收藏的标准和工艺标准，就不能成为珍品。

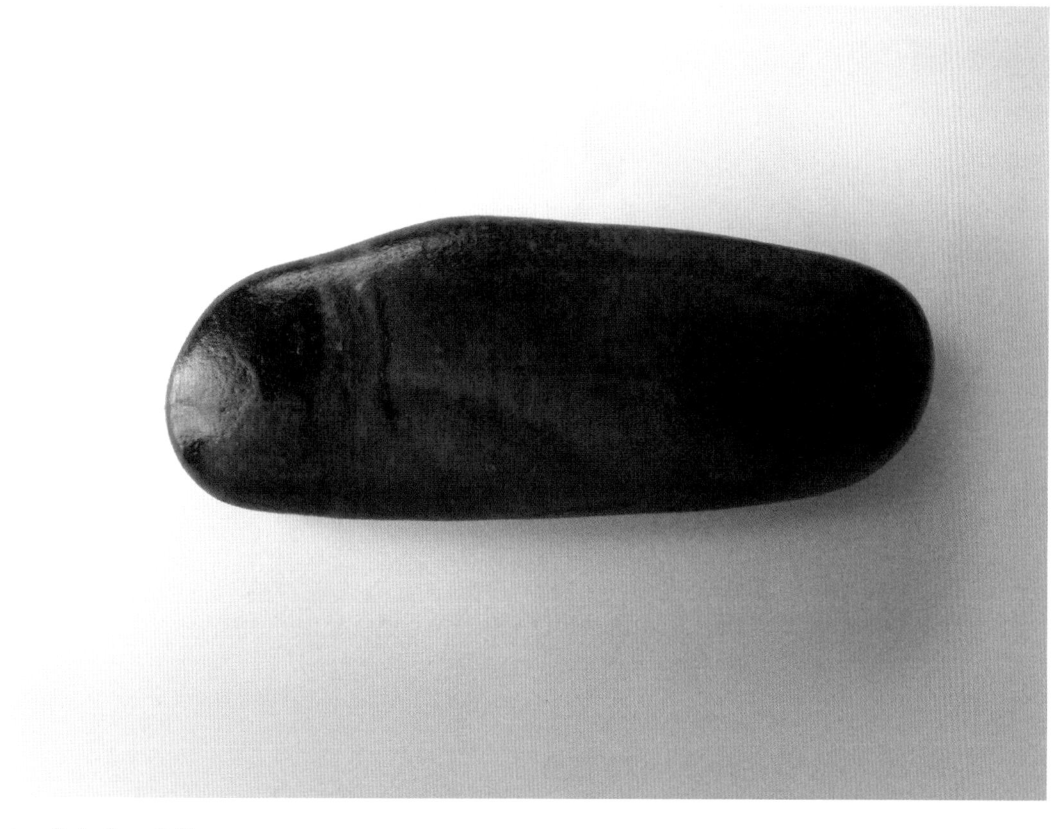

▲ 虎皮黄玉子料

▲ 和田黄玉子料镂空《福寿如意》香囊

我们论述玉之颜色分类，均讲述玉材的本色，黄玉亦如此。市场上常有一些黄色玉料，仔细察看是黄色沁入玉材而显出的黄色，那是黄沁料，不是黄玉。黄沁料硬度往往稍差，很多都达不到和田玉的硬度标准。

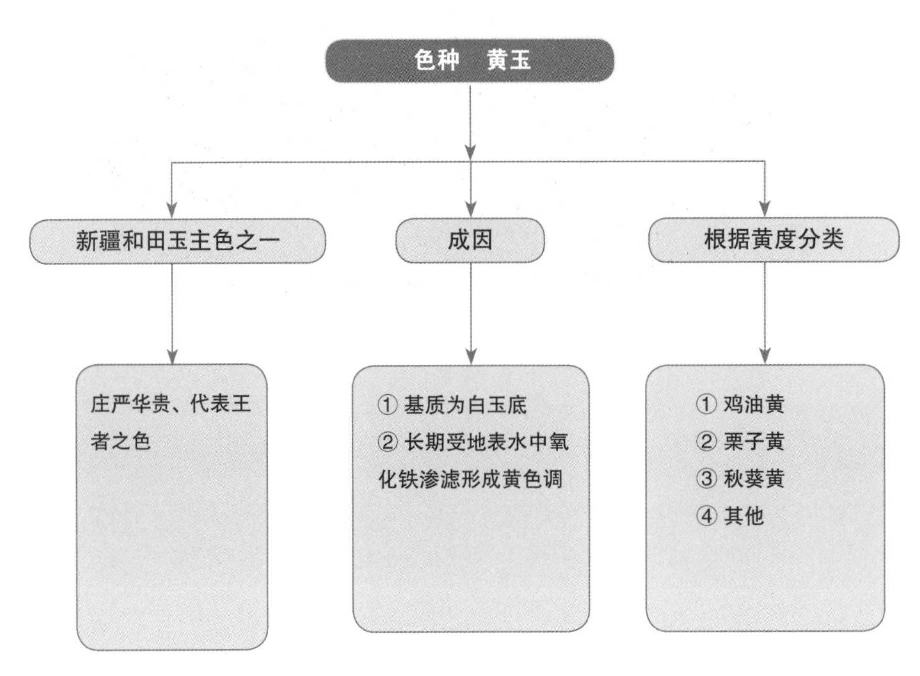

(6) 糖玉

糖玉是玉料受氧化铁、氧化锰渗入而形成，它的颜色或深或浅，或厚或薄，一般来说呈红褐色、黄褐色、黑褐色等色调，因外观似糖色而得名。糖玉常和白色玉或其他色玉构成双色玉料，可制作“俏色玉器”。它的观感为半透明至微透明状，质地细腻致密，呈油脂及玻璃光泽，按国家检测部门标准，糖色部分占到整体样品 85% 以上时定名为糖玉。

糖玉在新疆的叶城县、且末县、若羌县都有出产，俄罗斯以及辽宁岫岩县和青海格尔木也产糖玉，不同产地的糖玉颜色有所差异，品质也有高低之分。

不同产地的糖玉比较如下：

· 叶城糖玉：糖色发暗，颜色偏灰，肉色和糖色大部分比较干，不够润。细度相对来说比较差。叶城料品质一般来说等级较低，细度不够和颜色偏灰是其特征，糖色形成后亦是如此，玉的品质基础未有大的改变。

· 且末糖玉：糖色较好，偏红，亦有偏咖啡色玉料，细度好，脂份高，胜于若羌糖玉的品质。高级别的且末糖玉，红糖白肉，价格不菲，其细润度与子料无异，白色部分达到羊脂玉级别。

· 若羌糖玉：颜色黄中偏青，黄者为上品，细度好，油脂性好。

· 俄罗斯糖玉：糖色多样，常见灰糖、红糖、麻糖，好的品种与且末糖玉颜色接近。肉质细度一般粗于且末糖玉，细于叶城糖玉，脂度一般，最好的糖玉白肉部分接近羊脂玉。

· 岫岩糖玉：成分与岫岩县的黄玉相同，属透闪石类，常与黄玉混合，糖色发灰，玉质不如俄罗斯糖玉。

· 青海格尔木糖玉：遍布青海玉的各个品种。糖色灰暗者较多，亦有浅糖色，较水透，不及且末和俄罗斯糖玉的红糖色；

糖色是和田玉的重要特征之一。新疆地矿与质检部门描述糖色时以估算糖色在样品中的体积百分比为依据，分为：

微糖：糖色占比例为 5% 以下。

有糖：糖色占比例为 5% ~ 30% 之间。

糖白玉或糖青玉：糖色占比例为 30% ~ 85% 之间。

以前业内认为子料不含糖，色皮只是子料外面的包裹体，但是近年采集的和田地区子料很多都混合糖色。这些糖子料形成的原因是历史上采集子料均在流水冲刷的河床之中和两侧，而这些河流出产子料已经极少了。现在市场上出现的子料很多都是在和田老河道沉积区域发掘，多年微量元素的侵入而无流水大量冲刷，这种子料自然就或多或少的渗入糖色。子料的糖色，往往是先皮后肉，糖与肉的界限不明，呈混合状，有的呈渐变状况，市场上通常称为麻糖。含糖的子料细润度一般都很好，但内质品相受到影响，大大降低等级。

糖玉的经济价值有待发掘，糖色发红或发黄的玉料价值会较高，如包裹的肉质细腻，可以创意设计一些合适的题材，纯糖的玉料如何深度开发升华其价值，业内已有许多尝试，并出现了一些珍藏级的艺术品。如果糖玉的色度发暗、发灰则利用价值较低。

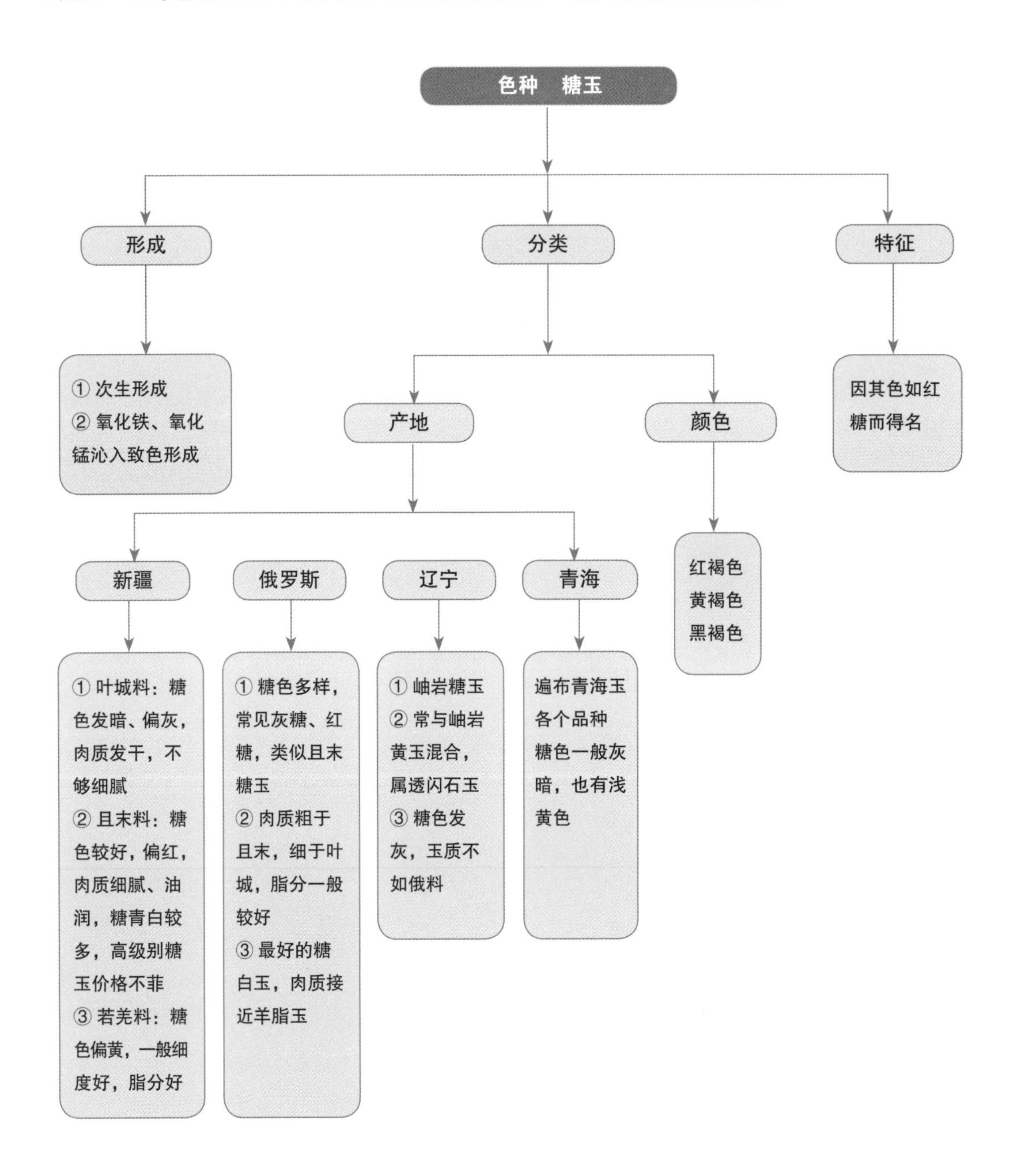

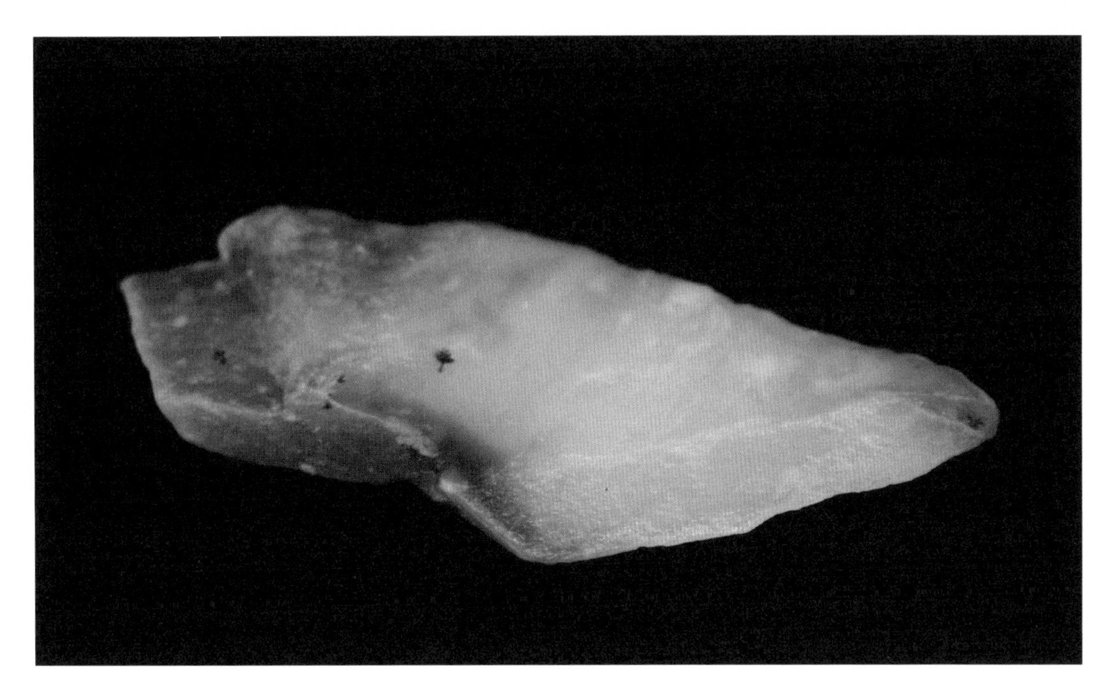

▲ 和田糖白玉

(7) 墨玉

和田墨玉是一种珍贵而稀有的矿种，产于新疆和田、叶城、且末一带的昆仑山深处，和田地区喀拉喀什河出产的墨玉子料尤为出名。其上品色重质腻，纹理细致，漆黑如墨，光洁可爱，极负盛名。有人将其与钻石、宝石、彩石并称为“贵美石”。

墨玉的黑色是因为石墨元素的渗透，颜色通常是不均匀的，多为灰白或灰黑，夹杂着黑色斑纹，透光性较差，但有温润的玉感。它的基底是白色，这种以白玉基底沁入石墨形成的墨玉最为美观，市面上也比较多见。墨玉原料一般被分为纯墨、聚墨、点墨、散墨四类。纯墨比较稀罕少见，价值很高；点墨也有特色；聚墨黑白分明，属上品；散墨多见，一般遍布灰黑，价值不高。业内一般把墨玉中的聚墨和散墨料都叫做“青花料”，新疆地矿专家岳蕴辉提醒玉友们，青花的“青”不是青色而是黑色的意思，虽名不符实，但这称呼大家都喜欢，都习惯了。

有一些玉友将黑色的玉石都认为是墨玉。事实上，真正的墨玉外观无论黑到什么程度，用强光照射，底子必须是白色通透的，白底掺杂大小不一的墨点。另一种观点认为还有碧玉底的墨玉和青玉底的墨玉，用强光照射底子只是微微的透绿或透青绿，实际上那是墨碧玉或墨青玉。如果强光电筒贴紧玉石而不透光，则可将光源贴紧玉石的边缘，应该可以看出底子的颜色，如果仍不透光，那就不是墨玉，属黑色石头一类，石头是不透光的。还有一些黑色的玉石油性极好，但硬度不够，或硬度够但石性太重，不太透光，又缺乏油脂性，市场上通常叫它们为“卡瓦石"，属于蛇纹石或石英岩一类。有一些东陵石黑白分明，与青花墨玉相似，迷惑了不少人，需要仔细辨认。

极品羊脂玉世上难寻，但在青花的子料和山料中可以见到。这很奇怪，青花的白玉部分常有非常优质的羊脂玉，极品青花山料同样出羊脂玉。有些玉友认为羊脂玉只出于子料而不出于山料，这种观点是不正确的，山料、山流水料、子料只是天然产状，而羊脂玉指玉材的白度、润度、细度，两者不是一个概念。

当然，我们说真正的墨玉在强光下为白色的基质，并不否定墨碧玉和墨青玉的优良品质。事实上，优质的墨碧玉和墨青玉外观为纯黑色，油脂性很强，不像大部分墨玉那样呈灰黑或青白混合状，用于制作一些器皿件和挂牌是非常适合的，价值很高。

▲ 墨玉子料印章

玉材的价值在于发掘利用，在于因材设计、因色设计、因形设计。

艺术的创意和精湛的雕工可以使玉材得到极大的价值升华。墨玉与墨碧玉以及墨青玉都属于透闪石玉，存在争议是正常的，但将黑蛇纹石、黑东陵石之类当作墨玉则属假冒仿品。还有“泰山墨玉”“富平墨玉”等属于地方玉种，与透闪石玉无关，在此不议。

墨玉的评价原则有以下三个方面：

一是颜色。颜色要黑，黑色纯正，偏灰的不好。有颜色的宝石和玉石对颜色的评价都是一样的原则，即颜色纯正是第一位。

二是颜色分布。聚墨的青花料根据墨色分布的情况决定价值。能作为巧色加以利用即上品。合理的巧色运用，能为作品增加价值。点墨的利用比较困难。

三是玉质的细腻程度。玉质的细腻程度是评价任何种类和田玉的首要原则。

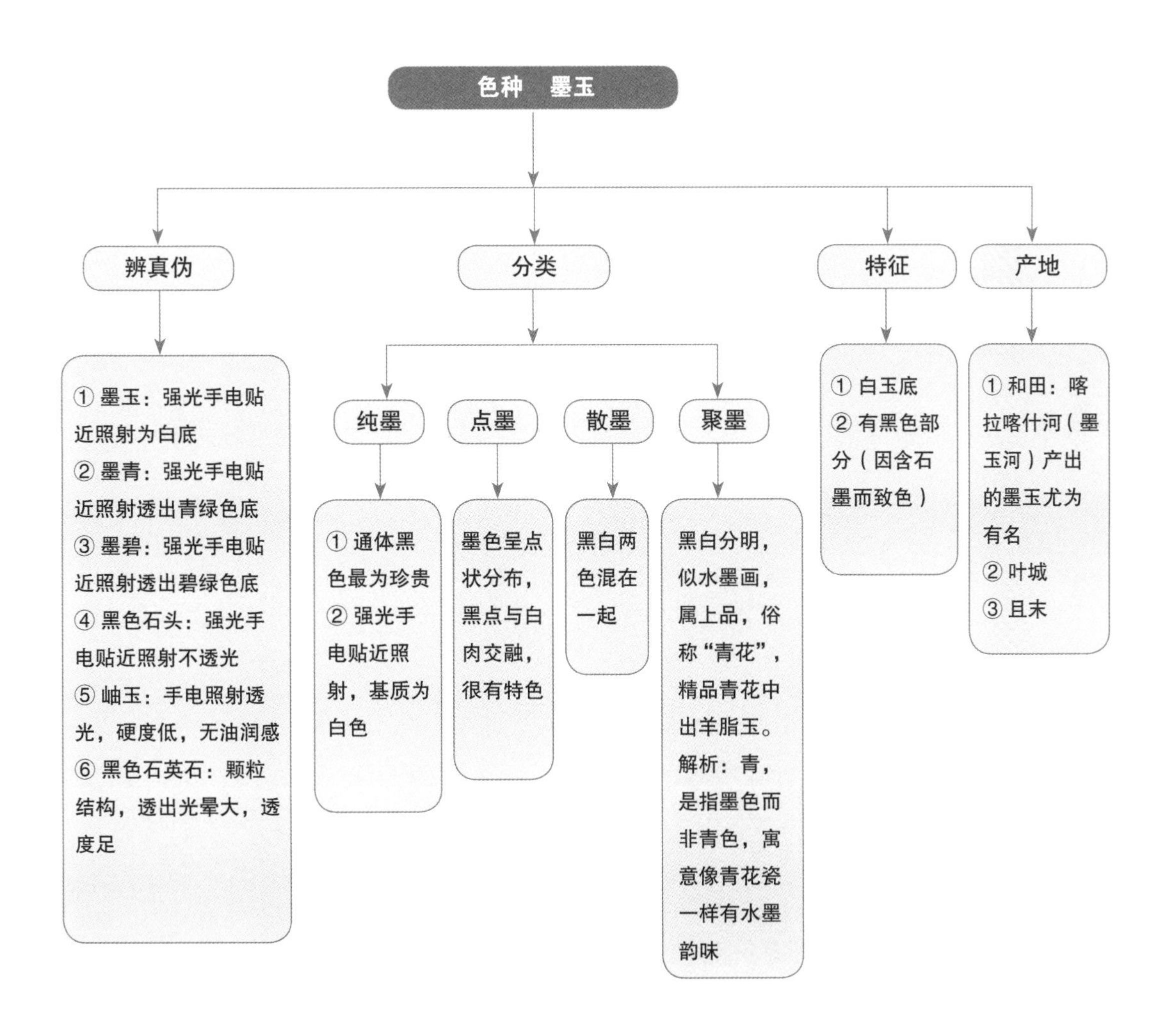

(8) 非主流色种

在和田玉的七大类色种之外，还有一些非主流色种。如人们会谈到红玉，据说，这是和田玉中极为罕见的珍品，自古就有红玉的传说。和田玉市场认为红玉有赤红、酒红、枣红三种，但由于缺乏国家标准，没有作为一个独立色种出现。

实际上，古代所说红玉，是否指和田玉尚待考察，当前市场上珍视的红玉，主要指红沁料。这是氧化铁等矿物质渗透沁入透闪石玉所致，颜色鲜艳。以“艳若鸡冠”形容的红玉多为沁色红玉，其外部红色很艳丽，不足之处在于沁色的红玉料存在外深内浅的现象。如果在和田玉的标准概念里讨论红玉，也必须具有透闪石的理化指标。红沁子料形成的原理和红糖色的糖玉是相同的。

4. 色皮

和田玉子料经过昆仑山亿万年流水的冲刷磨砺，经过大自然多种矿物元素的侵蚀，大多数都附着或深或浅的不同色皮。关于和田玉子料的色皮，古人和今人十分珍视，如遇到拥有珍奇美丽皮色的子料，采获者往往不称得“玉”而称得“宝”，可见皮色对子料价值的影响甚大。

在目前的和田玉国家标准检测体系中，色皮并不列入检测项目，没有关于色皮系统科学的研究和明确的标准，因而通过鉴定机构一般无法获取色皮真假的信息。今天我们对和田玉色皮进行分析研究，是对和田玉价值评估标准的完善和补充，功在当代，利在千秋。

(1) 关于玉皮

地矿界一般认为，和田玉的外皮有三类，即石皮、糖皮和色皮。

第一、石皮。石皮有两种形式。一种是由玉与非玉石材混合生成，非玉石材多在玉石形成时便与其粘连，开采山料时非玉之石附着于玉的表面，有厚有薄，有全包裹或半包裹状，开采时往往没有完全剥离。在子料经流水冲刷形成过程中，也有一些包裹于外的石皮未被冲刷干净而保留，还有的美玉完全包裹于石层之中。另一种石皮是美玉长期沉入河床戈壁，外表氧化严重，逐渐形成坚厚的非玉皮壳。这两类又被称为“石包玉”，是一种典型的厚皮璞玉。

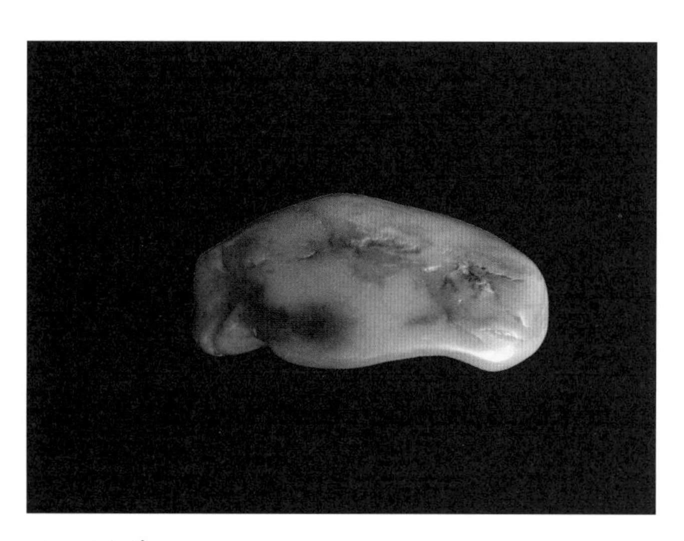

▲ 糖皮料

第二、糖皮。这是玉料经富含铁元素的水土长期侵蚀氧化，

▲ 石皮子料

外表会形成黄褐色、红褐色或深褐色的糖玉层，糖玉与白玉或青玉呈混合状，厚度较大，一般从几厘米至 20 厘米以上。剥离糖玉时留下一层较薄的糖色，即是糖皮。

第三、色皮。这是专指子料外壳表层分布的皮色，属于在长年水土浸染及风雨剥蚀过程中形成的次生色。普通的色皮较薄，大概在一毫米以内，其色形多种多样，有的呈云朵状，有的呈条脉状，有的呈片状，有的呈聚集状，有的呈散点状。它的形成机理仍是三氧化二铁等元素所致。一般来说，昆仑山沿线产玉河流的上游寻到色皮子料的机会不多，色皮子料多沉积在玉河的中下游，小籽居多，珍奇色皮的大籽百年难见。经过近年的疯狂采挖，小子料也很难找到了。

关于和田玉的皮，有人说，还分为光皮和浆皮，光皮指的是在玉的表层琢磨抛光产生的极薄皮层；浆皮指的是玉籽或玉件经过盘玩后形成的包浆。但这两种说法与玉界公认的玉皮不是一个概念。玉友还经常说真皮和僵皮，这是一个外皮优劣的问题，真皮是指天然形成的优质色皮，而僵皮是石皮的遗留物或玉料劣质部分外露所形成。

同样，玉界还经常提到生皮和熟皮、活皮和死皮、细皮和粗皮、阳皮和阴皮。生皮是指未被盘玩的皮壳，部分生皮表面会有石碱，略显干燥；熟皮是经常把玩盘养后的皮壳；活皮是子料外表优质的，具有艺术价值的皮层；死皮是皮下脏烂、僵化，很难加工利用之皮层；细皮和粗皮不用细讲，质量不同而已；子料一般都有阴阳两面，阳面玉质较好，皮亦明亮美观，阴面玉质较差，皮亦晦涩难看，这即是阳皮和阴皮。

▲ 美丽的色皮

如果从子料外表色皮与子料本色的关系来分析，还有彩皮和自然皮的区别。自然皮是子料玉表色皮与内质本色基本一致，这是本色的皮层，玉界俗称的“光白子”即是指白玉子料或羊脂玉子料表层无色的种类，其他色种的玉籽也有这种表层与玉籽本色一致的现象。自然皮的子料形成原因有两种，第一种是经流水冲刷并沉积于水土中的年月短暂一些，沁染不多；另一种是因为玉质紧密，外界的矿物离子沁入困难，这是结构优良的表现。而彩皮的色皮与子料内质本色不一致，玉界所描绘的各种珍稀色

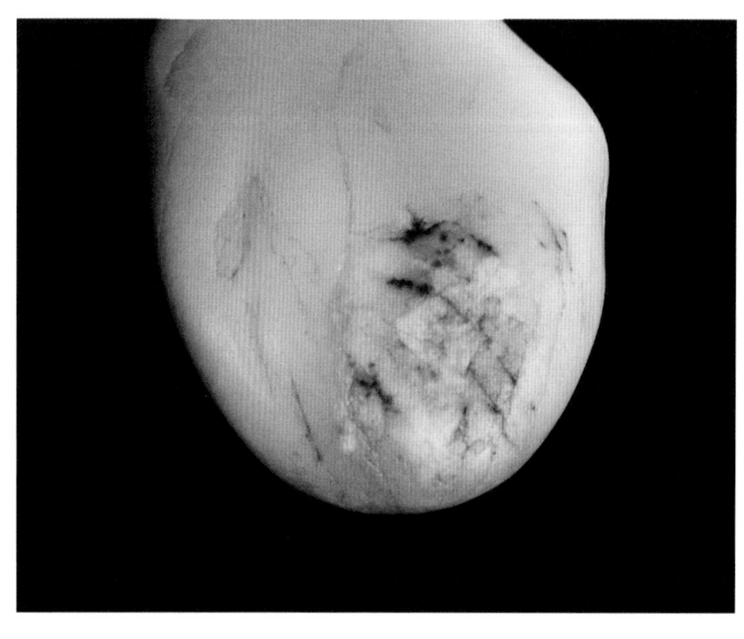

▲ 子料的阴面

皮子料，都是指经过大自然造化形成的斑驳陆离的彩皮。

综上所述，和田玉子料的价值与色皮密切相关，我所讲述子料的皮，主要指玉籽表层次生的七彩色皮。这种色皮可以分为观赏皮和单色皮两大类。观赏皮一般指表皮呈现山水风景般的绚丽画面，这种色皮极具观赏性，美学价值极高，或七彩斑斓，或空灵绝妙，文化内涵丰富，堪称大自然的杰作，为世上罕见的天然珍品。业内有“玉出五色，价值连城”之说，可见玉籽表面呈现多彩绚丽的色皮价值之珍贵。单色皮是另一种“景致”，它的色皮在子料的表层是单一的，如红皮、黄皮、金皮、黑皮，玉雕技师们更看重美观单一的色皮，这便于他们创作设计和巧雕，而收藏界除了收藏单色皮子料外，对观赏色皮的子料也十分珍视，若见到一块“鹿皮子”子料、“虎皮子”子料，真是如痴如醉，这是具有美学价值的珍品。彩皮子料，无论是观赏皮或单色皮，均要视其不同的色皮形态和色状判断其价值。

皮色知识并非一成不变的，近些年有一种“白皮料”改变了人们对皮色的认知。简单地说，白皮料就是在玉料表面有层白色或其他脏色的皮，这层皮呈雾状或片状，或薄或厚。它多产于上游老河道，受地下盐碱水长期侵蚀形成。由于它的灰白皮层欠美感，容易被误认为脏料，因而价值未能被认可。其实很多白皮料的内部肉质较为细腻干净，容易利用。例如新疆历代和阗玉博物馆就切过一块大的白皮料，其肉质极其细腻，细度堪比羊脂玉。大多白皮料的白皮是裸露于外的，也有一些白皮料形成后被矿物离子沁染，外表呈现不同颜色，而白皮则位于皮色之下。白皮料可谓是蒙着面纱的美玉，价值有待被认识。

▲ 色皮籽

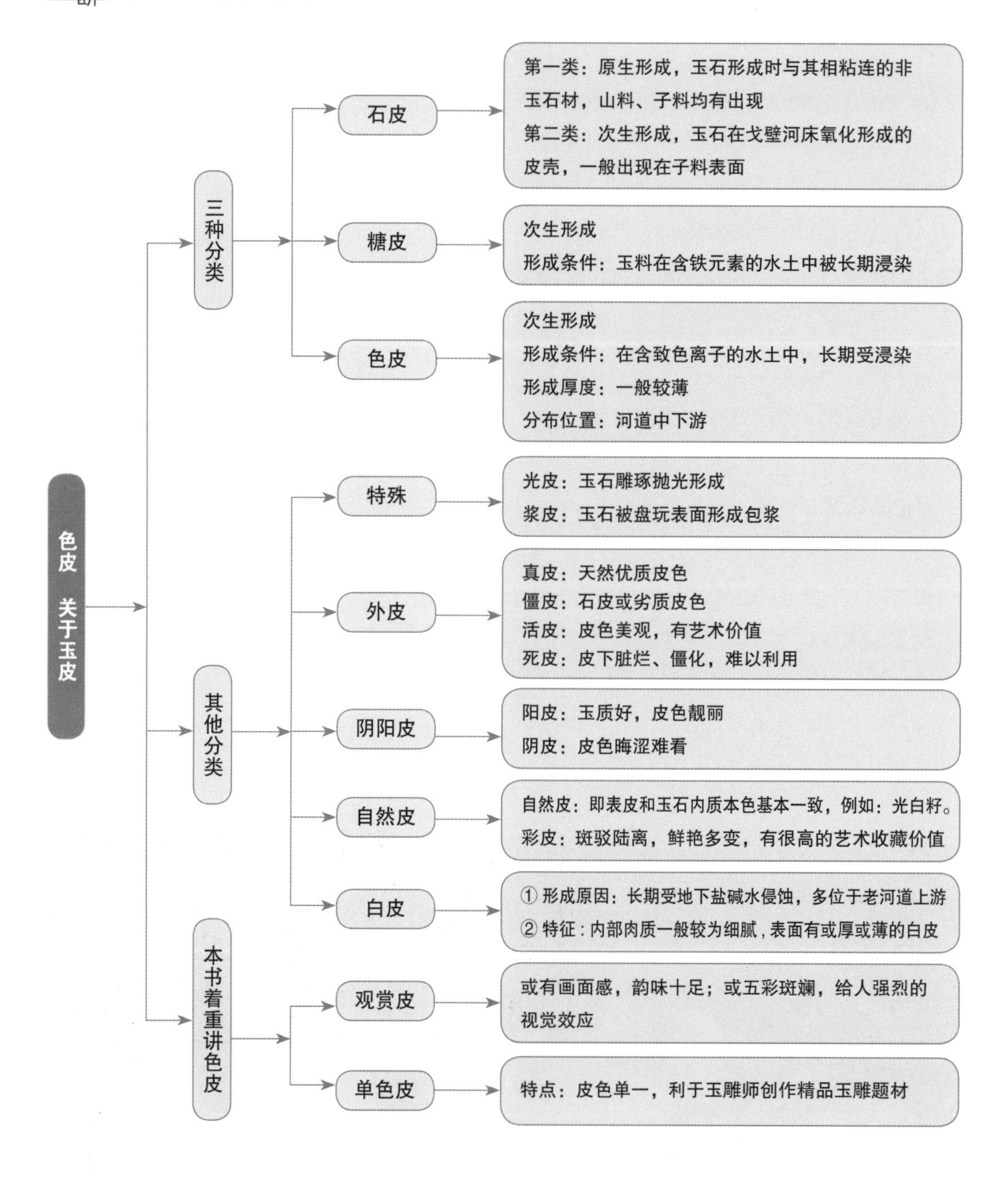

(2) 色皮之美

人类对美的追求是敏感而有共性的，但是，对美的判断有时代的标准，不会像数学公式那样准确，每个人对美的理解都会有不同的差异。因此，对和田玉色皮之美，对和田玉珍奇色皮的价值评估很难形成统一的国际标准。这是和田玉区别于钻石、宝石的特色。

▲ 子料表层的复合皮色

色皮是外观，这种观感在收藏界和商业圈显然是重要的。如果子料的外观美感欠缺而内在肉质优良细腻，则可以作为加工料，雕琢成为珍品，使得材质美与工艺美完美结合，让作品价值最大化。而收藏级别的玉籽必须是外皮与内质极其完美，其价值与工艺无关，无需雕琢已是美感突出，让人爱不释手。

和田玉子料珍奇的色皮，是天然次生形成，美玉经过大自然千万年的氧化与磨砺，形成褐、红、黄、黑等各种各样、深浅不一的外表色，天然的色彩令人赏心悦目。

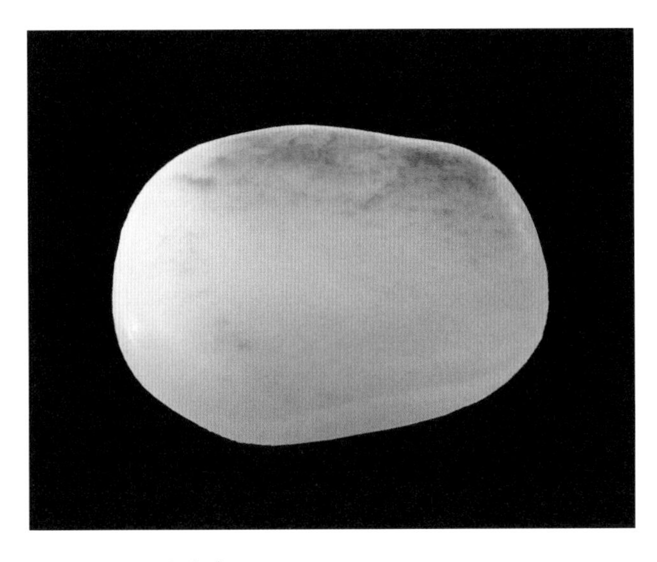

▲ 云朵状的皮色

色皮之美主要表现在图案（观赏皮）和颜色（单一皮）方面，天然的色皮是发散的，如水彩画中的颜色，深浅适宜，自然晕开。它的色相不一定完美，皮下或许会有瑕疵、杂质或者裂纹，但它的色彩有流动之感，这种美感是呆板的假皮所无法企及的。

天然子料的色皮绝无定式，皮相多彩多样，从子料的表层可以细细观察它的玉性和瑕疵。玉师们在相玉时，会根据自己的审美去观察色皮与作品的关系，每一个爱玉人士都可以想象子料外层色皮图案的变化。

色皮的美感包含以下几方面的内容：

第一、色种。是红色还是黑色、黄色，或是褐色，每一个大的颜色种类下又可分为若干小类。

第二、色度。根据色皮的浓艳与纯正程度分为若干级别。

第三、色形。指颜色分布在玉表的形状，是条脉状，还是洒金状，或是云朵状，或是片状。

第四、色层。指玉表颜色的组合状况，是单一还是组合，不同颜色覆盖玉表的年代特征与地质特征。

这些内容特征综合起来形成子料色皮的个性，因此，色皮之美是自然成趣的，是独一无二的，是鬼斧神工的。当然，事实上和田玉美的本质在“内”，在玉质的感觉，古人所谓“玉德”讲的是玉的内在品质，这和以“色”为主的翡翠是不同的。我们讲色皮之美是描述玉的外表，如同衣饰，它可以增添美感，可以掩盖一些内质的缺陷与不足，如果玉质细腻白润，外表却覆盖着大面积的色皮，这就需要巧妙处理，使本质之美不至于全部掩映于色皮之下。色皮是对美玉内质的补充，是相辅相成的。

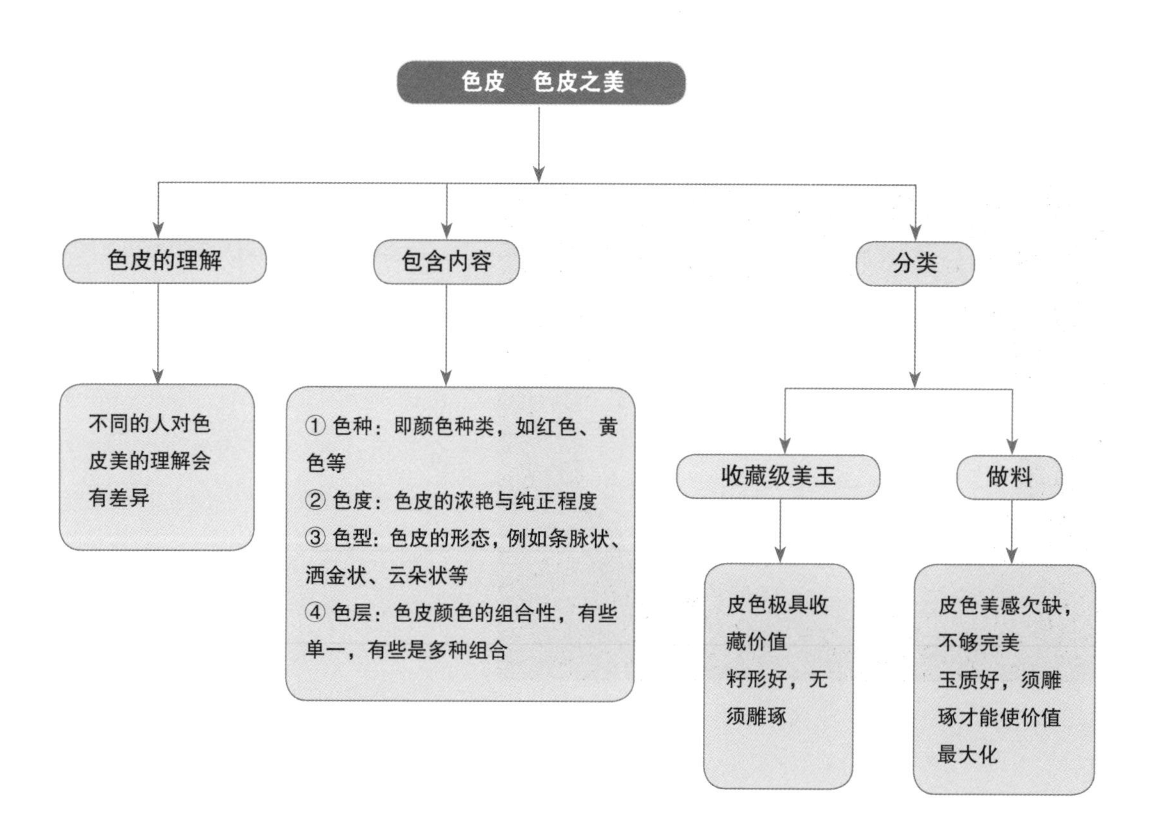

(3) 色皮的种类

和现有国家标准将和田玉本色分为七类不同，从古到今，对和田玉色皮之美以及对和田玉色皮的分类只是美学的描述，是民间的认识，是业内的共识。根据近年我在新疆历代和阗玉博物馆的研究，并对新疆玉石市场和馆藏子料标本进行归纳分析，和田玉子料的色皮可分为红皮、黄皮、金皮、褐皮、虎皮、黑皮、杂皮等若干大类。民间描述的各类色皮均包含在这些大类里。本文所叙述玉界对玉皮的不同说法，是广义的概念。我对色皮的分类是专指和田玉子料外层天然形成的色皮，即与玉本色不一致的异色彩皮。

① 红皮

在中国传统文化中，红色是吉祥色，是喜庆、吉祥、热烈、激情、光明的象征。中国古代许多宫殿和庙宇的墙壁都是红色的。红色还有驱逐邪恶的含义，不仅在中国，国外的一些民族也有这种习俗。中国传统文化中“五行”里的“火”，对应的颜色就是红色，八卦中的离卦也象征红色。

▲ 枣红皮子料

红皮在和田玉子料的色皮中是价值等级很高的一个种类，也是造假者热衷仿制的一个种类。按照珠宝玉石鉴定专家的观点，目前市场上大多数和田玉子料的色皮都是有问题的，大多数鲜艳的红皮和其他色皮都是染色所致。

▲ 秋葵皮子料

珍稀的红皮确实很难见到。这里有两个原因，一是染色子料太多，天然真皮太少；二是真皮子料在河床里拣拾出来时，颜色并不鲜明，经过拾玉人、收藏者天天盘玩，色皮会日益显现出来，变得油润美丽，这同出土的满沁古玉一样，生坑古玉是灰色的，看不出玉质，经过长期盘玩后成为熟坑古玉，内质和皮壳会逐渐显现出来。

清代椿园的《西域闻见录》中对新疆叶尔羌河所产和田子玉有所描述："其地有河产玉石子，大者如盘、如斗，小者如拳、如栗，有重三四百斤者。各色不同，如雪之白，翠之青，蜡之黄，丹之赤，墨之黑者，皆上品。一种羊脂朱斑，一种碧如波斯菜，而全片透湿者尤难得。河底大小石，错落平铺，玉子杂生其间。"

可见，过去在新疆产玉河流中，常见各类色皮的玉籽，这些彩皮子料是珍稀的，难得的。"羊脂朱斑"，即我们现在说的红皮羊脂玉，古往今来都是珍品。玉界有"好玉无皮"的说法，指的是玉肉紧密，不易形成色沁，但此类观点也不是绝对，亿万年流水冲刷，沙土侵蚀，形成色皮实属正常。

和田玉子料的红皮，又分为枣红色、橘红色、洒红皮和朱砂色几类。枣红色皮更深一些，橘红色皮如同红橘皮，洒红皮星星点点，而朱砂色皮浅一些。

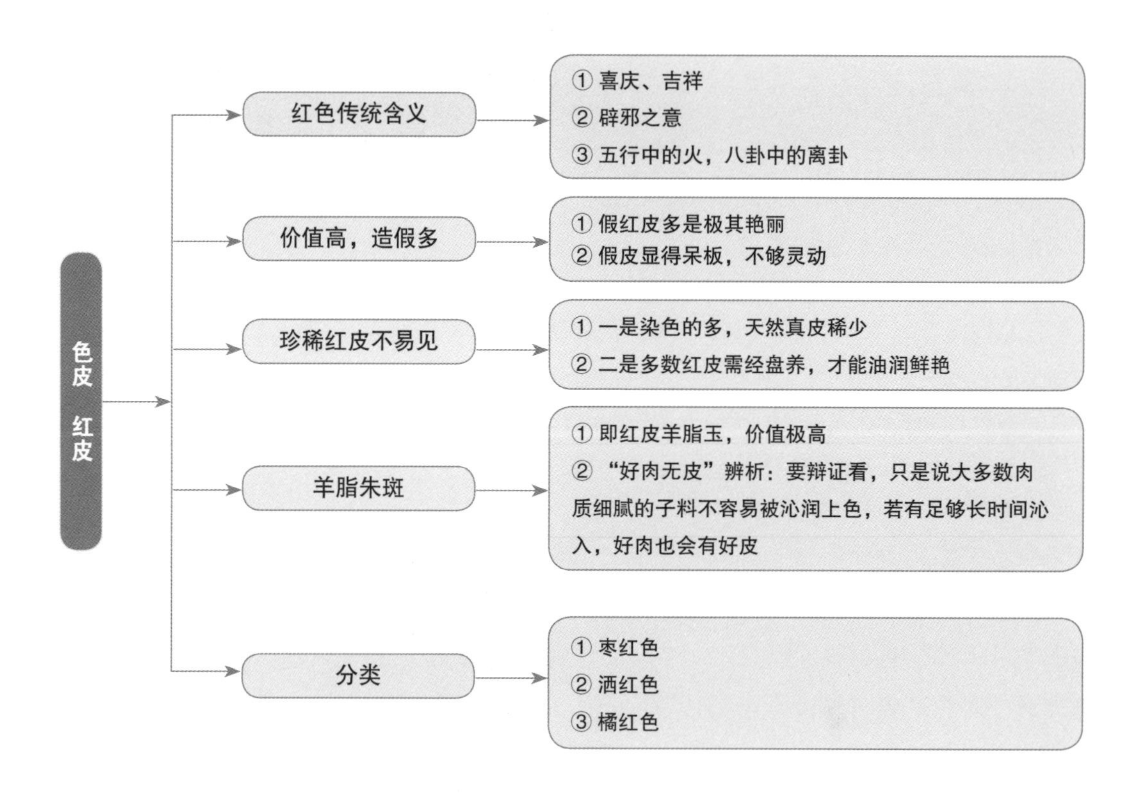

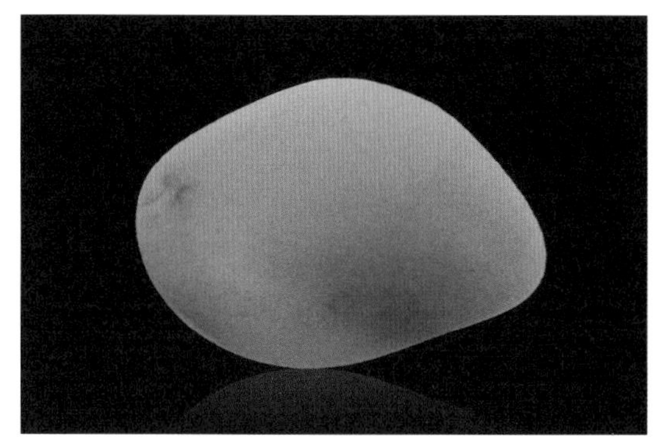

▲ 栗黄皮子料

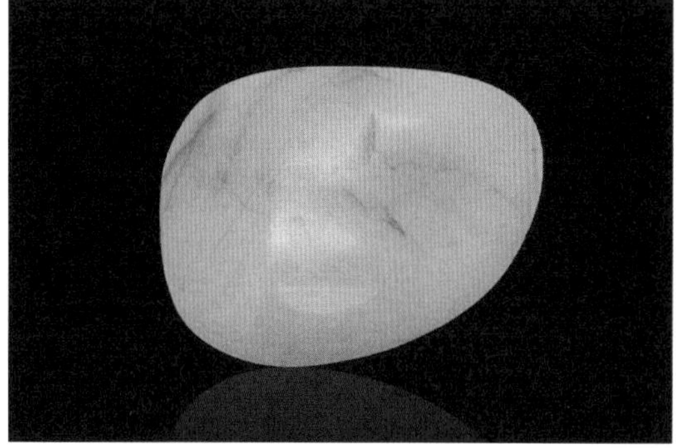

▲ 象牙皮子料

② 黄皮

中国传统文化中黄色的含义是明亮和富贵，是财富的象征。它在传统“五行”学说中位居五色之中央，是帝王之色，这体现了古代对地神的崇拜。《通典》注云：“黄色中和美色，黄承天德，最盛淳美，故以尊色为溢也。”黄色是大地的自然之色，这种颜色代表了“天德”之美，也就是“中和”之美。中国自唐朝开始，“天子常服黄袍，遂禁士庶不得服，而服黄有禁自此始”。可见，黄色在中国古代是法定的尊色，象征皇权、辉煌和崇高。至今，黄色仍是古老中国的象征色之一。

金黄色象征财富，明黄色象征皇权，但西方对黄色的理解不同，中西文化对颜色的理解是有差异的。

和田玉子料的黄皮可分为栗黄色、秋葵色、象牙色、芦花色四类。如果说，在传统文化中黄色是尊贵和财富的象征，那么，黄皮子料在今天则富含时尚的元素。黄皮子料在市场上极受追捧，是高品质玉的特征。

栗黄皮是玉皮颜色较深并且比较均匀的一个类别，给人的感觉是沉稳富贵。

秋葵皮颜色显得老气一些，形成年代久远的优质玉料表层才会有秋葵色。

象牙皮较浅淡，表面极薄的一层，优质玉料的肉质沁入外来元素困难，可形成这种浅色皮。

芦花皮的基调是黄色，深浅不一定均匀，显得粗糙一些，有点灰黄的感觉。

从色彩来看，秋葵皮在黄皮子料中为高贵的主流色皮，均匀的栗黄皮不多见，象牙皮的玉肉极为细密，但不多见。芦花皮的色调在美观程度上不及前面这几类，但是如果未全面遮盖子料，可见优质的玉肉仍是十分珍贵的。

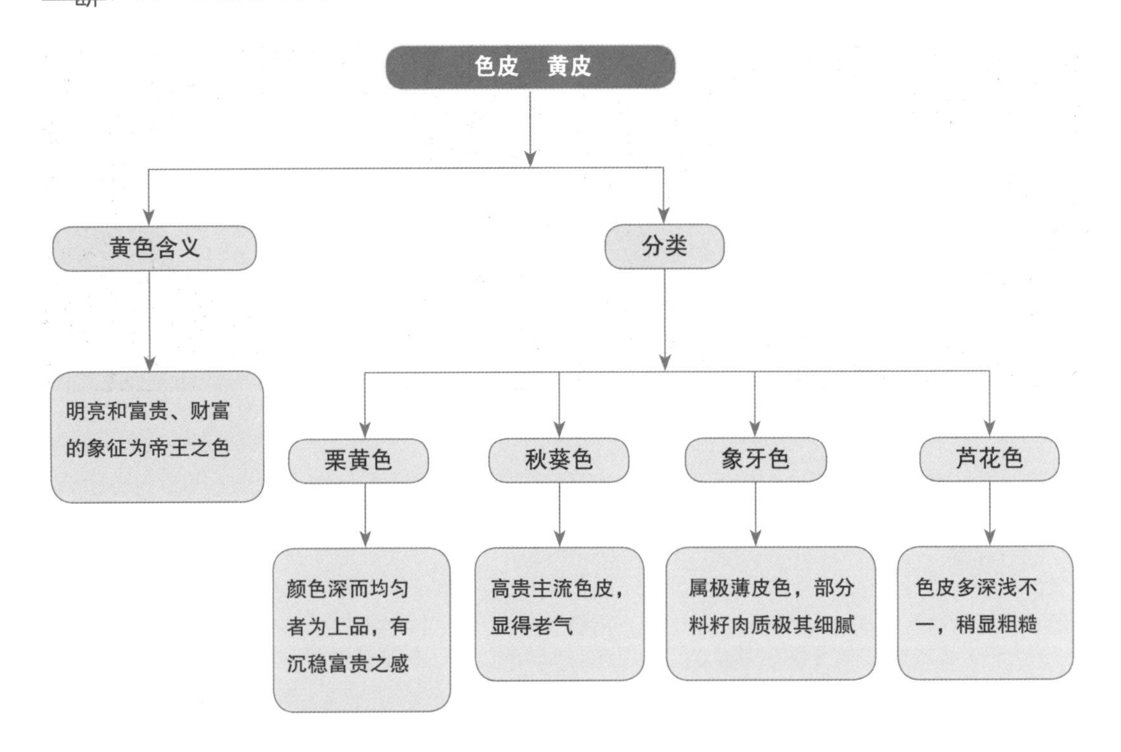

③ 金皮

金色和红色、黄色都是接近的颜色，这种颜色往往归入红色或黄色。实际上，金色即黄色偏红，比黄色更鲜亮的一种颜色，它比黄色更高贵，更华丽。因此，金色象征高贵、荣耀、华贵、辉煌，是一种华丽的色彩。

和田玉的金皮子料价值极高，特别是洒金皮极受重视。洒金皮一般出现在子料表层汗毛孔处，呈星星点点状态分布，好像夜空洒落的繁星。这是玉质细密，沁色难以入内形成的状态。这类子料的玉肉能够清晰可见，又有美丽的色皮，当然是珍贵的种类，洒金皮和象牙皮一样属于极薄的色皮，在不破形、不开窗的情况下，便于看透内质。但是，由于色皮太薄，很难看到色根渗入肉内，这会给造假者带来造假的机会。洒红皮、洒金皮的真假很难分辨。

▲ 金红皮子料

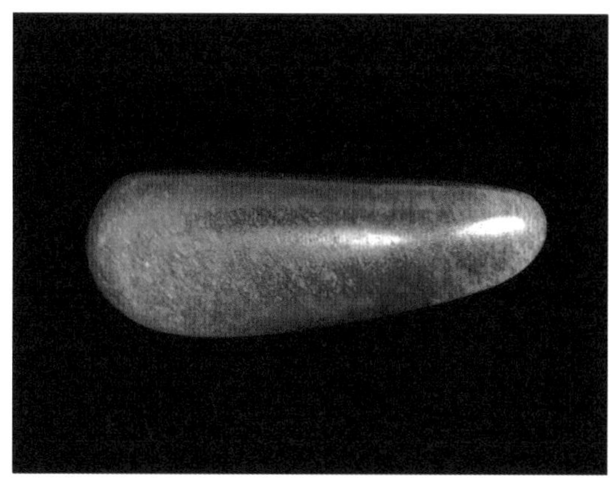

▲ 金包银子料

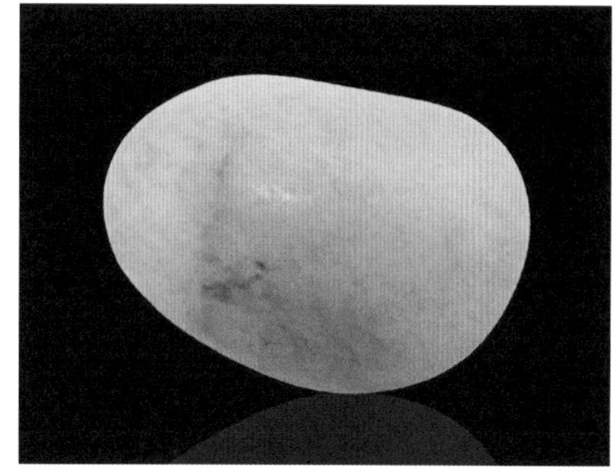

▲ 洒金皮子料

有的子料肉质白润细腻，外表包满或基本包满金色，业界称之为“金包银”，这类珍稀金皮子料实难得见，价值奇高。

还有些子料的色皮呈一种金红的色调，给人十分华丽辉煌的感觉。

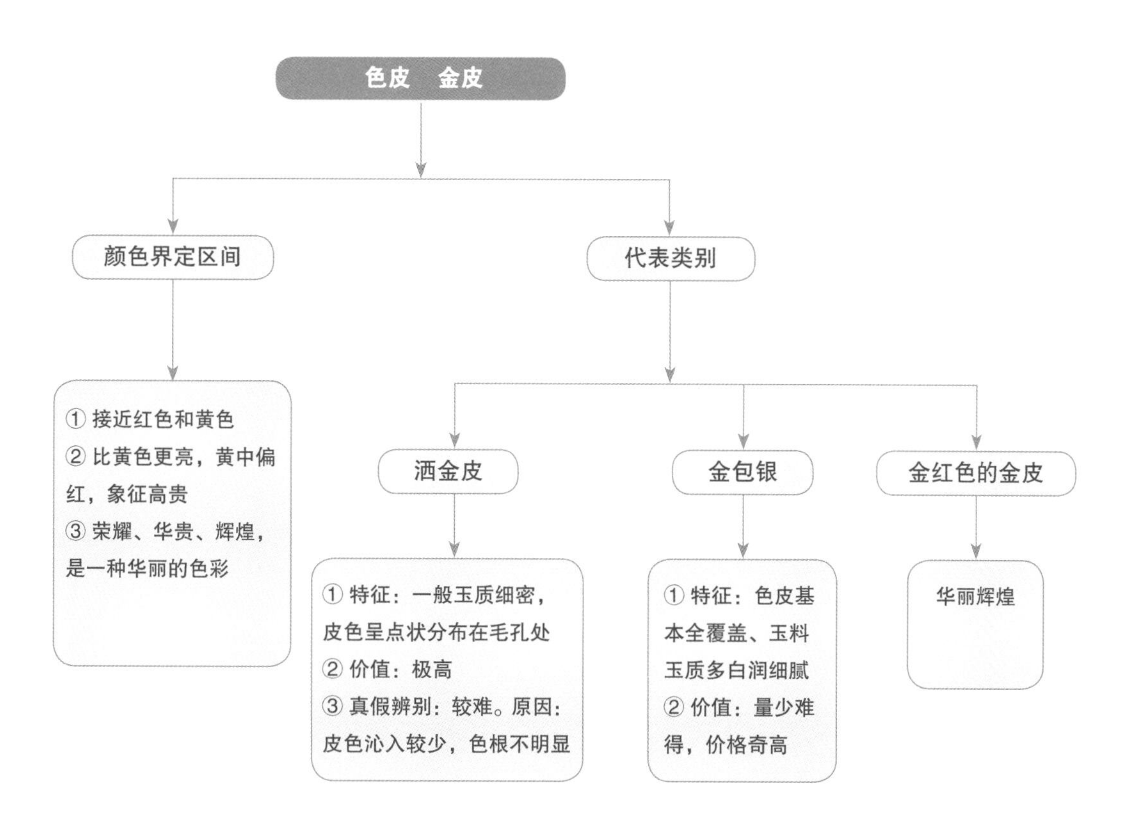

▲ 芦花皮子料

▲ 秋梨皮子料

④ 褐皮

褐色沉稳、淳厚、深沉。它是暖色和黑色之间呈较暗色彩的颜色，棕色、咖啡色、茶色都属于这种颜色。

褐色虽然没有红色、黄色那样热烈、喜庆和辉煌，在和田玉子料中，却是最常见的主流色皮。它或深或浅，以深色调居多，人们最熟悉的秋梨皮就属于褐皮。褐皮子料的玉质一般都很好，内质优良的珍品子料大部分都出自秋梨皮、洒金皮、秋葵皮和自然皮。在色皮的分类中，鹿斑皮和芝麻皮也可归入褐皮系列。鹿皮子料在古代就是名贵的色皮子料，褐色带深斑点，类似梅花鹿的皮色而得名。芝麻皮过去少有人提及，这个种类也很珍奇，过去认为这类色皮内的玉肉可能没有质量保证，但我分析了若干枚芝麻皮的小籽，其露出的羊脂级玉肉让人爱不释手。

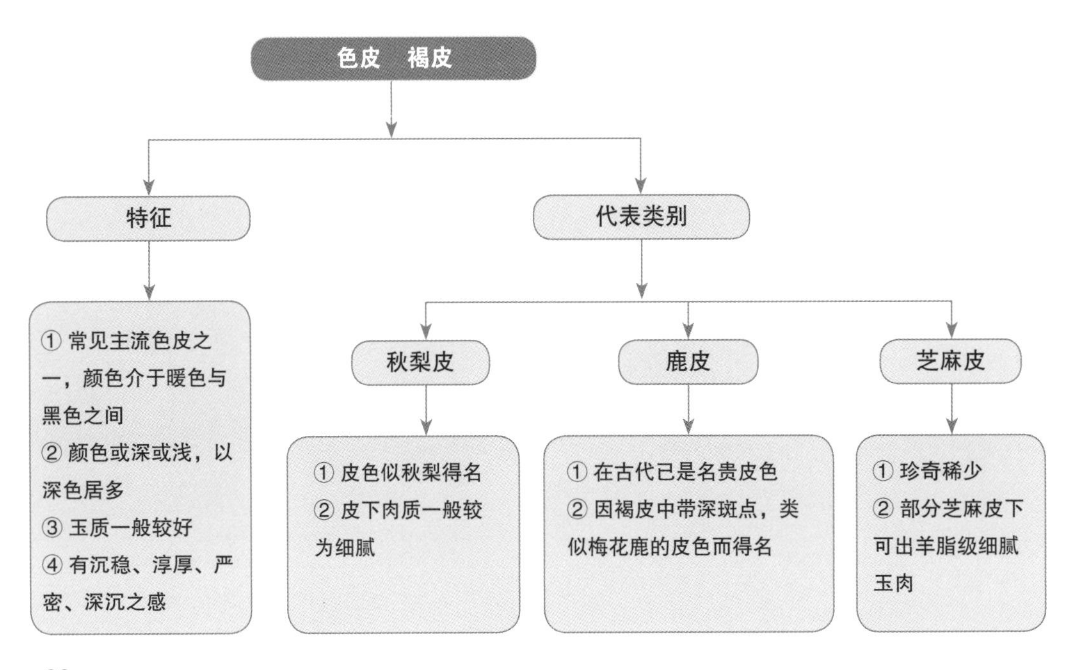

⑤ 虎皮

虎皮是名贵的子料色皮，顾名思义，这种色皮类似老虎皮的斑纹，十分特殊，天然艳丽，惊世绝伦。一般来说，虎皮子料有两大类，一类是虎斑皮，黄色基调上复合黑褐色，形成老虎皮似的斑纹图案，这类色皮通常本色为黄玉，经矿物元素多年沁染形成。另一类是碎花皮，子料的本色是白玉，也是由不同的矿物元素多次沁染形成。

虎皮子料的价值在于珍稀美丽，它不像洒金皮或秋梨皮那样容易分析内质，如果外皮全包而不见内肉，作为观赏色皮而收藏非常适宜，一旦确定玉质为纯黄或细润的脂白，那就是价值连城之宝。和田青玉子料或碧玉子料、墨玉子料一般不会形成虎斑的色皮。

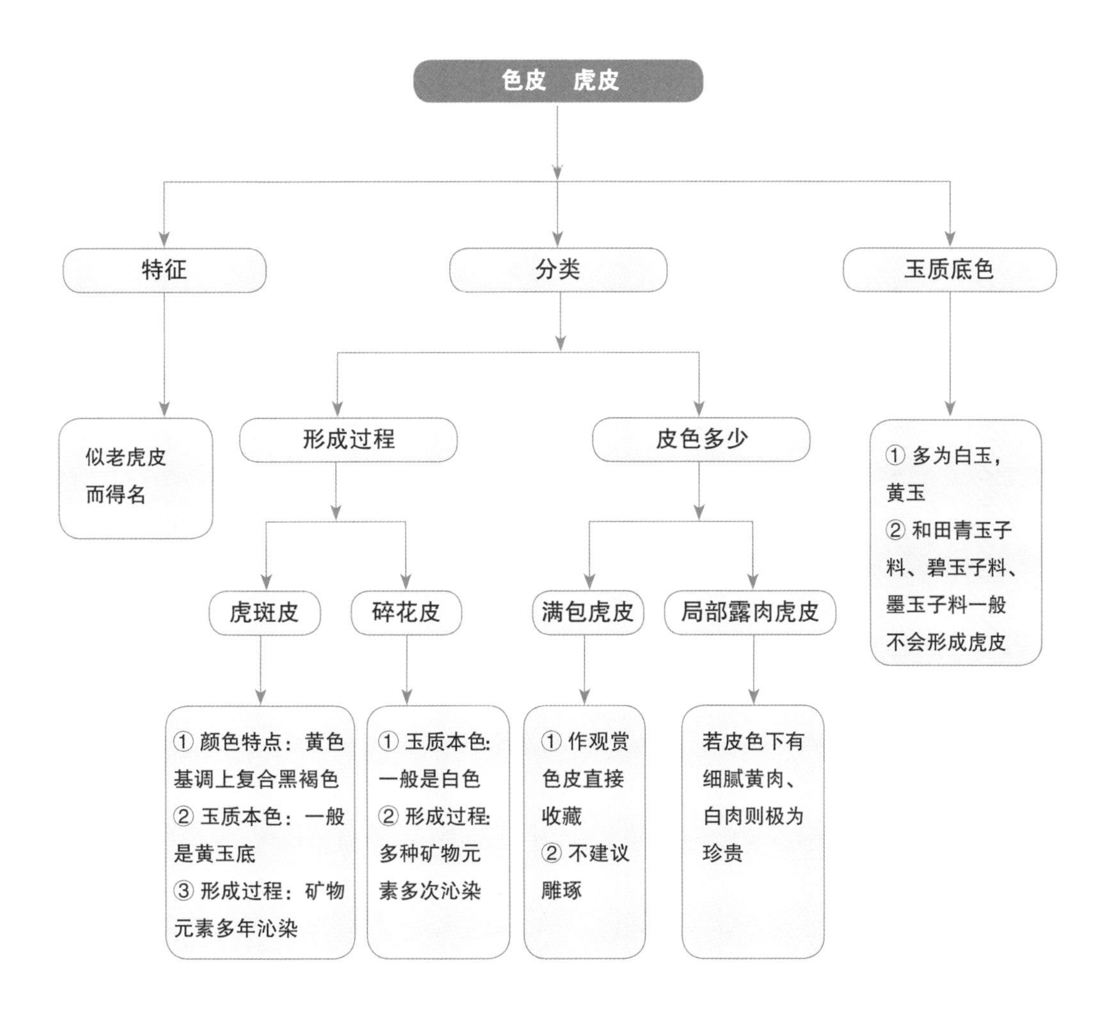

▲ 虎皮子料

▲ 碎花皮子料

⑥ 黑皮

黑色在中国唐代以前是宫廷的主流服饰用色，是高贵的颜色。它深沉、冷峻、高贵而神秘。当然，一个时代有一个时代的审美取向，秦汉时期黑色服饰在宫廷代表庄严，而唐代以后皇家贵族则专宠黄色，但是黑色作为一种经典颜色的身份千百年来从未改变。

和田玉子料外表黑皮的形成当然与石墨元素的沁染有关。这种黑皮是外表的颜色而不是内质的本色，透闪石的白色基质整体渗入石墨元素便属于墨玉，而黑皮与黑肉显然是不同的概念。

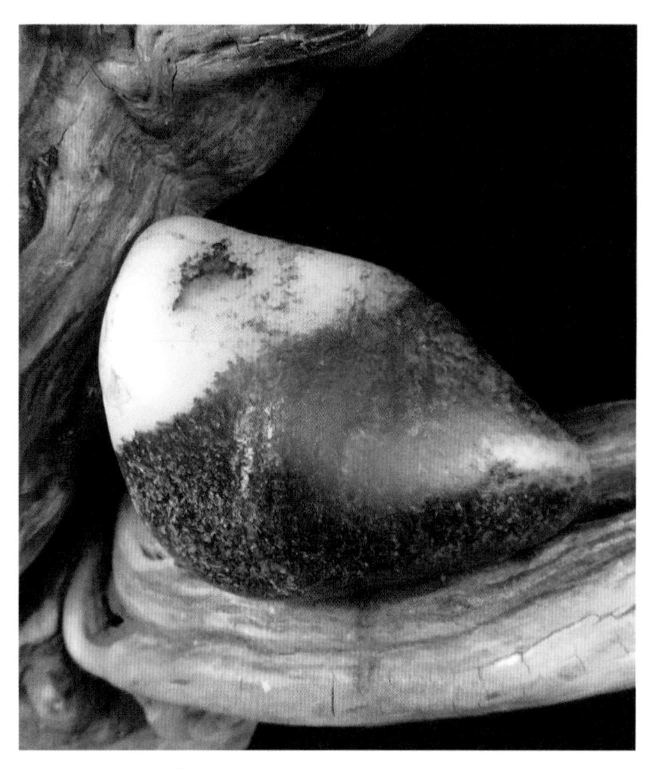

▲ 乌鸦皮子料

根据黑皮颜色的深浅程度，和田玉的黑皮又分为乌鸦皮和烟油皮两大类。乌鸦皮属于纯黑色一类，而烟油皮为黑褐色。黑皮子料不如褐皮子料常见，在大块子料中更难见到。

值得注意的是，市场上所说的黑皮料通常指俄罗斯玉的黑皮料。这类黑皮料块重较大，玉质也很好，很受市场追捧，但它不是子料。玉商们往往将俄料黑色的层面切开后留一点

▲ 烟油皮子料

黑沁色，加工为成品后很像子料的黑皮。也有一些真正的黑皮俄罗斯子料，它与新疆产的和田黑皮子料仍有一定区别。

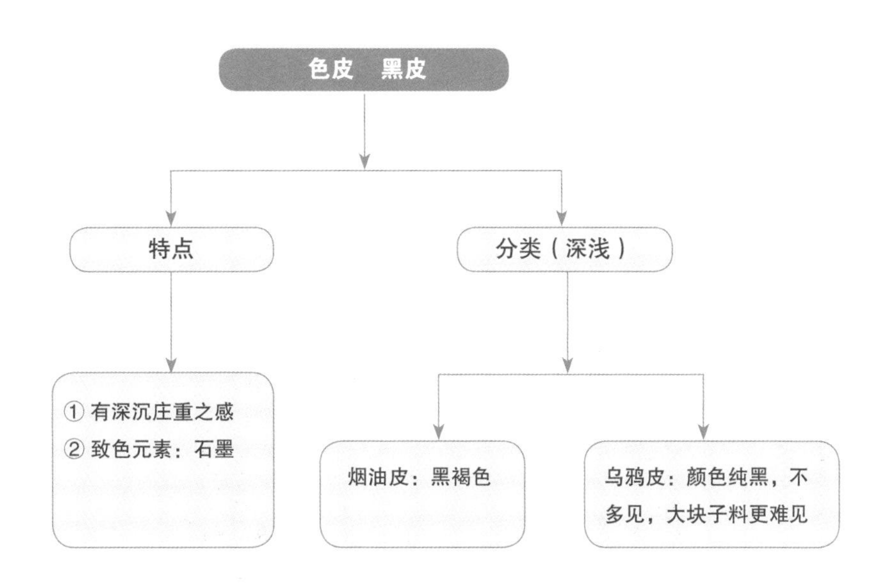

⑦ 杂皮

和田玉的色皮除了单色皮和图案美观的观赏皮。还有一些不规则的混合色皮和色斑模糊的色皮。这些色皮如果观赏性不强，内质不佳，则没有什么收藏的经济价值。

(4) 真皮与假皮

按照当前的和田玉检测标准，凡透闪石类玉均归入和田玉的系列。这就使新疆正宗的和田玉与国内其他省区的透闪石玉以及国外的透闪石玉很难区别，以正宗和田玉为收藏目标的玉友们往往一头雾水。但是，如果否定当前的和田玉检测标准，在外观和理化指标基本相同的情况下，谁能够清楚地辨认出和田玉的产地？行业内常说“子料去了皮，神仙认不得”。所以，辨认新疆和田玉，比较准确的方法是看有皮的子料，有皮的子料是新疆独特地质条件形成的，优质的和田玉也主要指子料。收藏和田玉子料主要从辨认皮色入手。

判断和田玉子料色皮真伪，需要若干的理论知识和大量的实践经验。归纳起来有以下几个方面：

① 判断色皮形态

真皮子料的色皮是有层次的。这是因为和田玉子料在流水中经受千万年冲刷，水土中的矿物元素对子料逐渐沁染，皮层受损或风化的部位逐渐氧化，有裂纹之处颜色会较深，这种色皮的生成自然是有层次的，是深浅不匀的。而假皮缺乏层次感，用现代技术烧烤染色的色皮生硬感尤为明显。

真皮子料的色皮一般来说有渗入痕迹。这个问题比较复杂，不可一概而论。通常，观察子料的自然色皮要看有无色根，色根即自然沁染形成颜色而外层经水流冲刷氧化变浅。有人说，没有色根都看作假色，这倒不一定，有的子料色皮太浅，是因玉籽的内质紧密颜色沁不进去而已，但散布在外表的色斑用放大镜细看，仍有或多或少的沉积痕迹。有一种观点说真皮是薄皮，厚度小于一毫米，事实上，真皮的厚度并没有一定标准，可能基本上没有什么厚度，只是痕迹而已，也可能远厚于一毫米。新疆历代和阗玉博物馆珍藏的一块秋葵色厚皮子料的

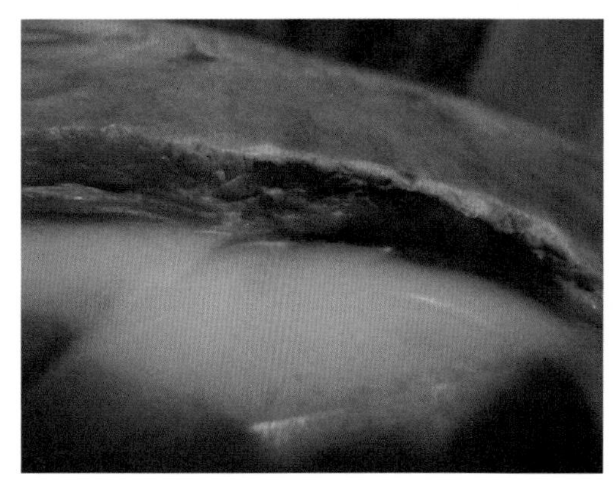

▲ 天然子料的色皮层次

▲ 真皮的沁入痕迹 .

皮厚有一厘米，内质极佳，细密润泽，为暖色的羊脂状，这种厚皮料当然是真皮，形成年代十分久远，属真正的老皮子。因此可以说，有色根的基本是真皮，无色根的再以其他方法细考。

假皮的颜色多漂浮在外层，色调一般比较单一。这是普通的染色法，只是依靠煮、烤、染来做色。现在，真正下了功夫来作假色的，采用了更高明的技术将颜色沁入玉的皮层，这可以沁入结构较松散的韩料，真正的优质子料人工将颜色沁入皮层仍然很难。人工染色进入和田玉皮层的，以石皮居多，没有层次感，而且粗细层面截然不同。至于糖皮磨薄后充作天然色皮，须细看渗入的深浅状态，糖色与内肉的过渡往往是含混不清的，即使只留极小部分糖色作皮，这与天然色皮仍有区别。

真皮的颜色是自然分布的。和田玉子料的色皮多为氧化形成三氧化二铁所致，所以以黄、红、褐、黑为主色。具体幻化组合的颜色丰富多彩，它的分布无论是斑点，还是条纹、云状，或是包裹状，人工难以形成。

假皮的颜色往往边界分明，缺乏自然的过渡。有的仿佛贴上一片颜色，显得生硬，有的过于鲜艳，少数以极其妙巧的染色方法制作洒金皮或秋梨皮令人很难判断。

② 细观时代痕迹

真皮子料一般会有自然的绺裂。和田玉在山涧河岸经过千万年的流水洗礼与风雨剥蚀，这种自然外力的运动使之逐渐形成圆润的卵石状玉体，这是一个不断碎裂和磨蚀的过程，外皮一定会有形态不一、深浅不同的绺裂。有一些子料还会有残破之处。有的子料表层分布着不规律的指甲纹，有的子料表层呈现大大小小的碎裂。这些绺裂是时代留下的痕迹，也是天然的证明。

真皮子料的外皮会有自然的毛孔。无论是多彩绚丽的色皮，还是洁白光润的自然皮，都

▲ 着色生硬的假皮

▲ 天然子料皮色自然分布

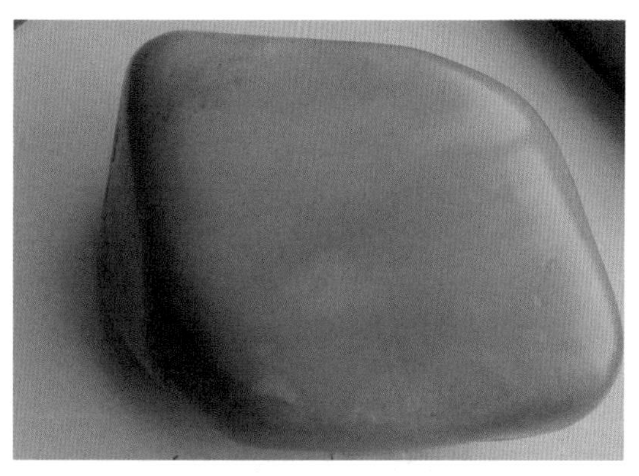

▲ 假皮子料磨光的外观

▲ 真皮子料具有毛孔

可能是玉石因不同水土条件或形成年代长短不一，以及玉石内部致密不同而形成。但是，真皮子料的外表一定有自然形成的细密小孔，业界俗称“汗毛孔”。这种毛孔有的能够清晰看到，有的要经过放大镜才能看清。这是因为和田玉并非由纯粹的单一元素构成，透闪石中往往含有其他矿物质，这些物质是与透闪石结合共生的，在千万年流水冲刷的过程中，透闪石玉体表层的一些其他矿物成份会变化分离，这些极为细小的破碎变化会在母体上形成如同人体皮肤表面的汗毛孔。无论是玉石历经风雨、水土氧化形成色皮，还是保留内质的自然本色，表层的“汗毛孔”都是天然真皮最为可靠的证明。

假皮子料经切割后进入滚筒磨为光润的形态，低仿品明显可看出磨切的痕迹，高仿品用喷砂机喷出凹凸不平的小坑，但天然毛孔无法形成。

观察“汗毛孔”是辨别和田玉子料真假和色皮真假的一个有效方法。

真皮子料一般会有自然的包浆。包浆是古玩界和玉界的一个常用术语，意即经过久远岁月或长期盘摩自然形成的微妙皮层。这种皮层不是真正意义的“皮”，而是极薄的、本色的包裹层。包浆是一个物件年代久远的象征，天然子料亦如此。新做的玉器或假子料的外皮是没有包浆的。但是，假子料经过多次人体盘玩或上油，也会形成某种类似包浆的状态，需仔细辨别。

③ 感悟天然痕迹

判断和田玉子料的天然神韵没有客观标准，这是美学认识，是自我感觉，是主观经验。也就是说和田玉子料这种大自然的造化形成之物，无论是色皮的分布、色皮的形态、图案的形成、色相的韵味都应是天作之合，凡是生硬的、僵化的、突兀的色调均违背自然进化过程的规律。神韵，是十分重要的，这是神来之韵，是上天传递的灵性之音。

(5) 皮与质的关联

和田玉的色皮虽然是次生的，但它与内质却有密切关系。从古到今，所有的玉师审视一块玉料，均存在“相玉”的重要环节。相玉，就是从玉的外表判断质地，从色皮观察玉肉，从色相分析优劣的审料过程。因此，皮与质具有密切关系。这种关联性可从以下几个方面分析：

① 厚皮

厚皮子料是典型的璞玉，在和田玉的出产地俗称“石包玉”。历史中楚国卞和三献璞中之宝，后来成为价值连城的“和氏璧”，这个故事流传至今，世人皆知，很多专家研究认为，和氏璧就是和田玉厚皮子料。和氏璧的传说给玉友无限遐想，透过厚厚的皮子里面能出好肉吗，据有经验的藏家的“实战”分享，部分璞玉剖开后无论内质颜色如何，细密润泽的机率均很高。厚皮子料形成年代久远，这类老皮子包裹着玉籽让人看不透内质，赌一赌还是很有乐趣的。

▲ 厚皮子料

② 薄皮

无皮或只有星点色皮的子料容易看清内质优劣。玉界有观点认为玉质紧密才使铁元素等不易沁蚀形成色皮。这种观点虽有待商榷，但色皮很薄的子料，购入时比较安全，赌性小，这是一个事实。

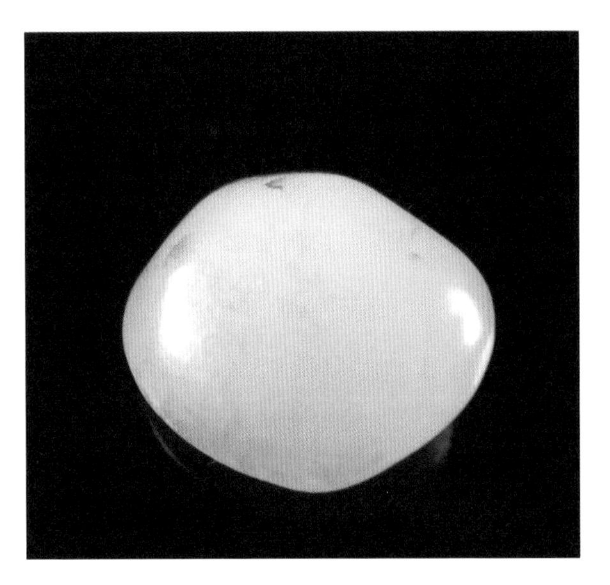

▲ 薄皮子料

③ 僵皮

业界常说“僵皮出细肉”。僵皮子有两类，一是石皮附着玉石表面，

▲ 僵皮子料

在水流中磨砺未褪除干净；二是子料的阴面本身就不好，就有僵的性质。雕琢玉师们常常发现，与僵皮子连接的玉质部分，往往出现很细的玉肉。所以，僵皮子并非全是石皮，石皮的皮层较松散，而有些僵皮是很坚实的。

④ 细皮

细皮往往位于肉质细腻的子料表面，光润细腻。依据此特点，在色皮包裹面较大或全包的情况下，以外皮的细润度判断内质尤为重要。

▲ 细皮子料

⑤ 粗皮

如果和田玉子料外皮干涩粗糙，内质很难是羊脂级珍品。干涩的粗皮并非是长年在水流中冲刷的结果，而是玉籽沉积在干涸的河道里，长期氧化的可能较大。这样的地质水土条件，往往有若干矿物元素沁入子料内部并积沉，子料中的肉质呈现混合糖色的可能性较大。但从近几年和田发掘出的子料来看，一些老河岸挖出的白皮子料也存在皮粗肉细的现象。

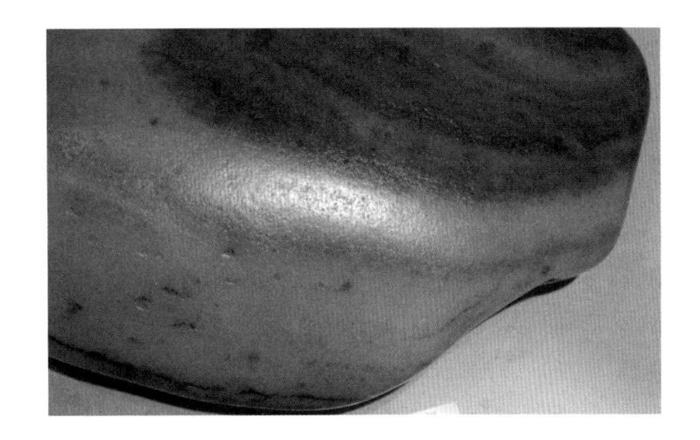

▲ 粗皮子料

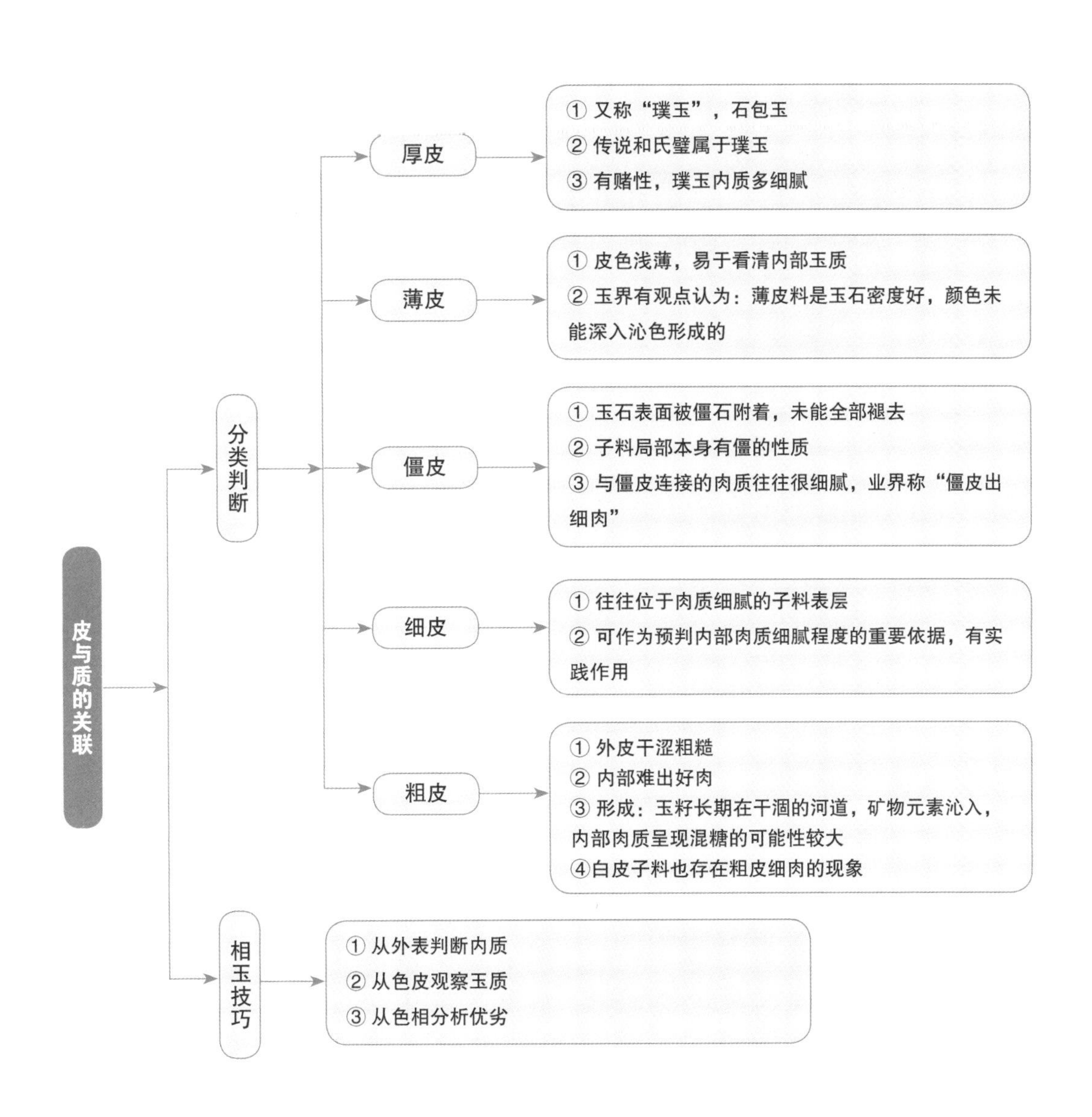

(6) 色皮子料的创作

美玉的色皮是多彩的，红皮、黄皮、金皮、褐皮、黑皮、虎皮，各类色皮深浅不一，分布不同，有的富贵，有的吉祥，有的深沉，有的传统，有的珍稀，有的风景如画。利用子料色皮和山料糖色的“俏”进行巧雕，是玉雕艺术家摆脱传统匠气，以智慧创意充分表现和田玉作品的内外之美的过程。

红皮和金皮可以烘托出一轮喷薄而出的太阳，可以琢为凤冠丹顶，可以展现天边的彩霞。中国工艺美术大师顾永峻以和田玉子料的金皮创作《福临门》插屏，金皮化作翻飞的蝙蝠，

▲ 大师作品和田玉子料金皮《福临门》插屏

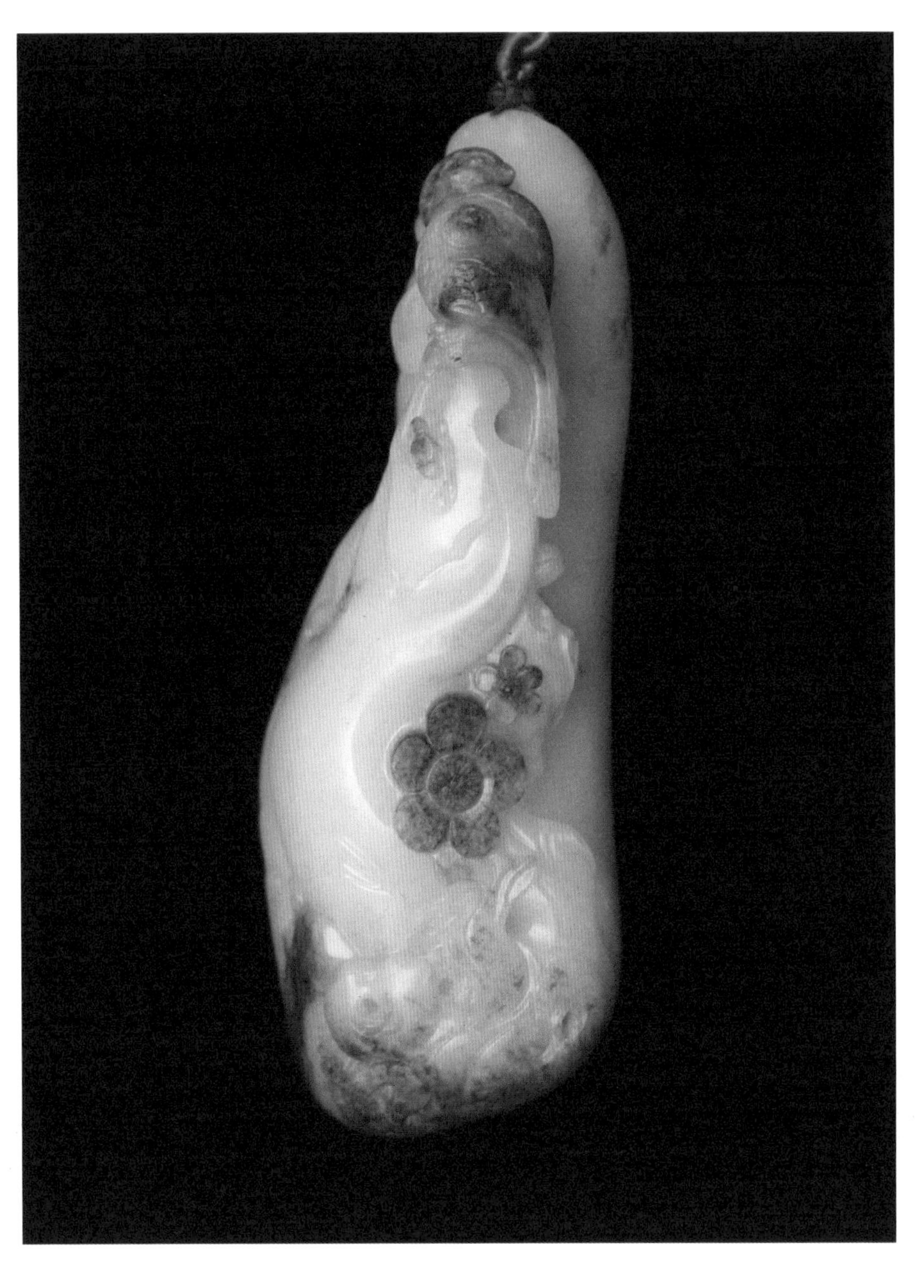

▲ 大师作品《喜上眉梢》手件

中央留出一对门环，金蝠临门，寓意幸福临门，将蝙蝠之谐音巧妙利用，蝙蝠形象已从灰黑变为吉祥的金色了。

中国玉雕大师苏然的作品《复兴石》保留完美的金黄色皮，仅在表层以鸟篆文琢出古韵十足的文字，让人惊叹。她的另一件作品《喜上眉梢》以金红皮和略带脏点的芝麻皮俏雕喜鹊和梅花，情趣盎然，巧夺天工。

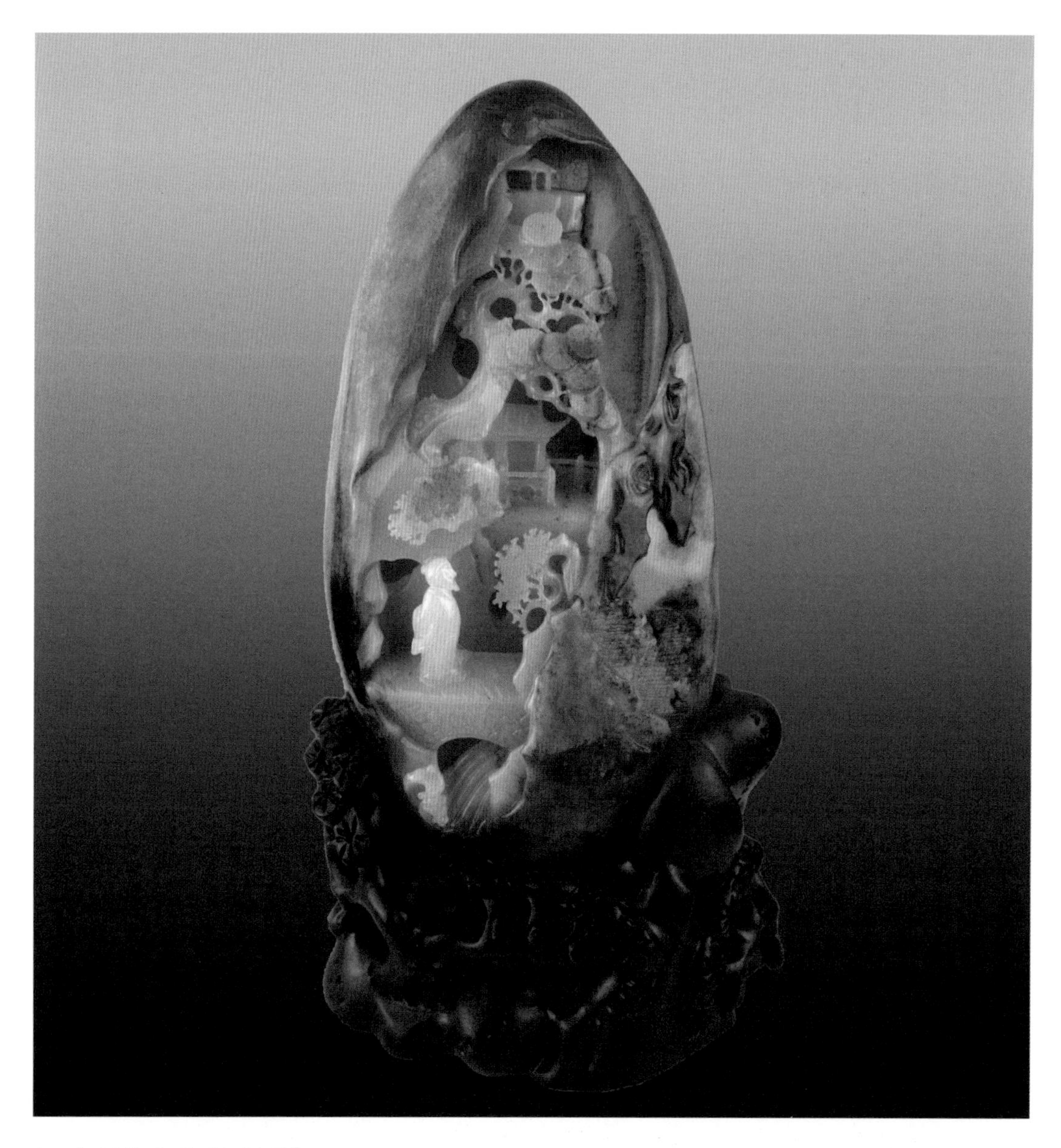

▲ 大师作品《听松悟道》

金皮和黄皮还普遍用于创作《金玉满堂》《年年有余》之类的题材，金色的游鱼是传统的吉祥之物，以金皮和黄皮来表现喜庆的气氛十分恰当。

黑白相间的青花墨玉或黑皮子料也有极大的创作空间，可以巧雕为天色空蒙的远山近景，也可以琢为鹰熊争斗的精彩之作。

传统玉雕的山水作品有大量亭台楼阁、山水花树和人物形象，子料的秋梨色皮可大量用于此类题材的巧雕，而虎皮、鹿皮用于创作动物作品是天然一绝。混合色的璞玉子料，在常

人看来，很难成为玉雕珍品，但海派玉雕大师孙永独具匠心，将一件混合色璞玉子料琢开皮层，设计创作为《听松悟道》小山子，充满深远的禅意；另一件琢为《江清近月》，这种多种颜色混合的美轮美奂的传统文化题材作品，表现出令人遐思、令人神往、令人感悟的化外仙境。

秋梨皮和田玉子料《坐看风涛》插屏是孙永大师于 2011 年创新之作，作品上保留了较多的秋梨色皮，深沉静雅，树下的人物眺望远方，神情自若，天空风起云涌，水中波涛汹涌，这一切困难都会过去，生命就是博击，就是前进，生于忧患，死于安乐。运用哲学与艺术的构思，巧妙利用美玉的俏色，使作品内涵丰富。

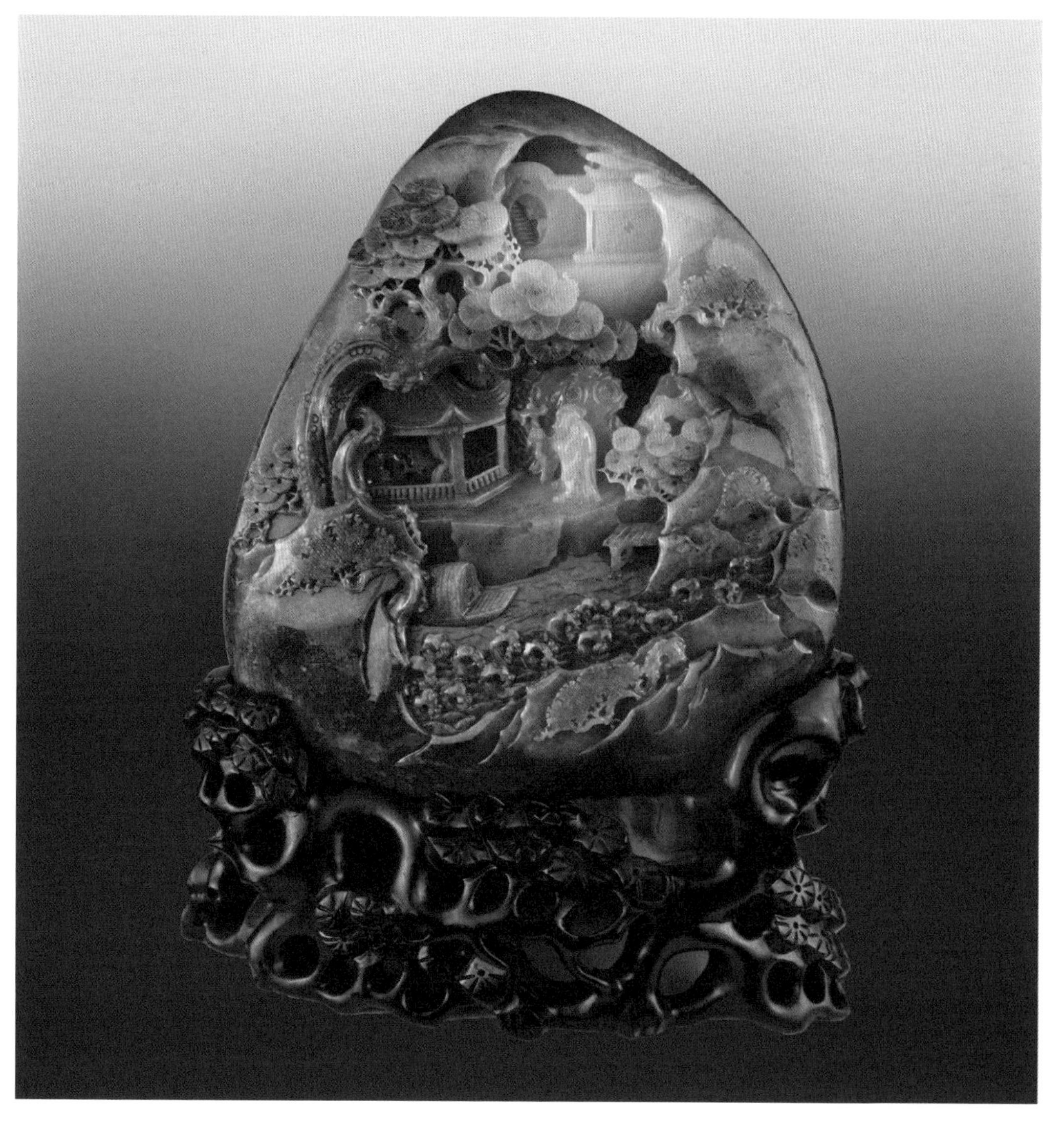

▲ 大师作品《江清近月》山子

总体来说，金色、黄色、红色在俏色创作中更受欢迎，更适合喜庆的题材，而褐色和黑色在玉雕作品中一般不会大片保留，玉的质感在艺术审美中十分重要。

对内质不明的厚皮子料价值一般不及一目了然的薄皮子料，但剖开一块璞玉籽，发现其中为白肉，巧雕出一个亭亭玉立的美女，那就极大提高了作品的美学价值。和田玉《深山有美》即是这类发掘出价值亮点的作品，它在新疆历代和阗玉博物馆里，让观众耳目一新。

过去的一些巧雕，是玉质有瑕疵的无奈之举，如苏州一位名家的作品《风雪夜归人》，

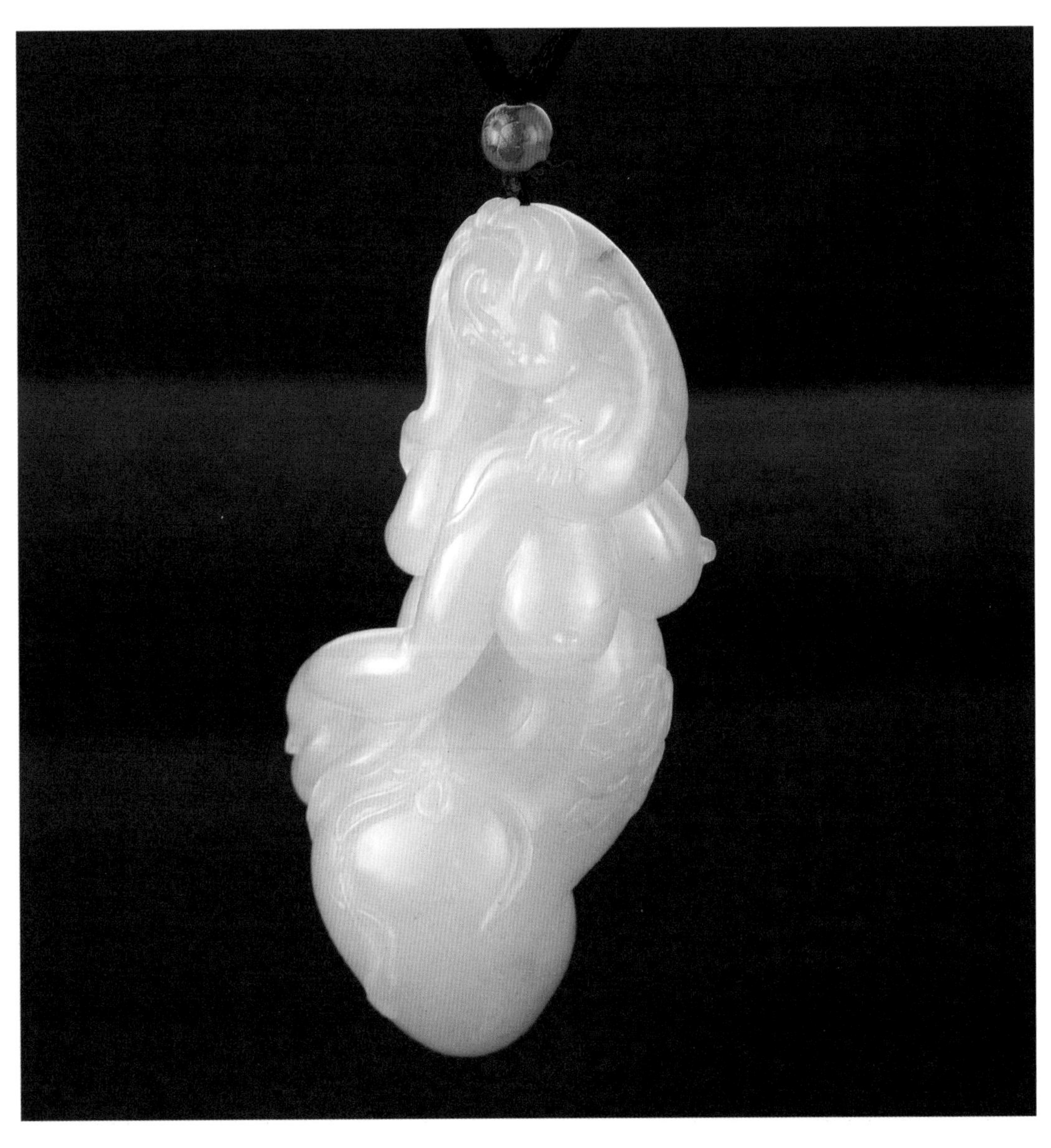

▲ 大师作品《美人如花》

将一块充满石花的玉材巧妙设计为漫天雪花，这种令人惊叹的构思是艺术家独具匠心的表现。现在的俏色巧雕，更多的是有意保留色皮或糖色，使作品锦上添花，取得更好的艺术效果。

关于俏色，北京玉雕界著名玉人、北京玉雕厂原总工艺师文少雩认为，当前有些玉师将脏色与俏色混为一谈，在作品中大量保留玉皮中的脏僵之处作为俏色，这不能体现玉美，这是一种误区。文少雩先生坚持好的作品必须美皮美肉，这当然是北京玉雕传承宫廷玉雕传统的思想，但是海派和苏州玉雕的新人对俏色巧雕正在进行自己的探索，如海派玉雕大师崔磊

▲ 大师作品《坐看风涛》

大声疾呼创意在玉雕中的重要性，他认为玉雕从业者是靠手艺生存，应该靠智慧征服别人，要在材质利用上发挥自己的智慧，过份强调玉料的作用，是对玉雕创作者的侮辱，如果是这样，玉雕工作者还有什么价值呢？

总之，现代社会对玉的理解正在变化。在千百年的历史中，人们更多的是从意识形态的精神符号角度去理解玉德之美，“重玉轻珉”“首德次符”都是这种思想观念的产物。而现代人则主张内外兼修，除了传统玉德对民族思想和心灵感受的影响，还要欣赏和田玉的观感之美，这就包括色皮之美、形态之美、温润之美和雕琢之美。如此，当然就凸现了俏色和巧雕的重要地位。

▲ 和田璞玉作品《深山有美》

▲ 大师作品和田玉子料古典手镯

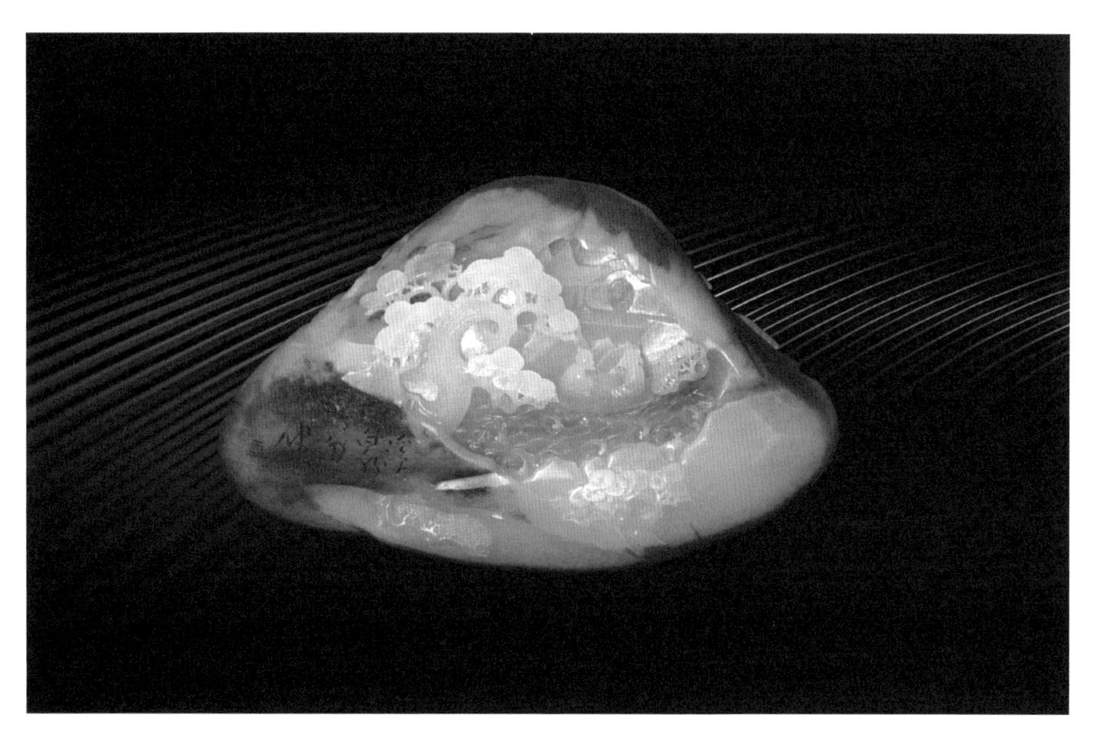

▲ 大师作品《溪泉相伴》摆件

5. 块重

(1) 块重与价值

大块度的玉材是雕琢重器的基础。和田玉资源地的新疆地矿专家在 1994 年新疆人民出版社出版的《中国和阗玉》一书中指出："和田玉的块度重量是工艺鉴定中的一个重要标准。同样色泽质地的和田玉，块度重量越大，品级就越高，价格就越贵。"

任何玉石和宝石的价值都与块重有关。例如钻石的单体重量对价值的影响远远胜过和田玉，块重几乎成为影响钻石价格的最重要因素之一。1 克拉中等品质的钻石价格若为 3 万元人民币，2 克拉的单粒钻石价格不会是 6 万元，价格可能在 10 万元以上，而 3 克拉的钻石就会令人惊叹了，价格会超过 100 万元。

祖母绿、蓝宝石、红宝石等有色宝石单体重量的价值衡量标准与钻石基本一样。

翡翠的块重价值同样依重量、体积大小而变化，一个小挂坠或戒面比较常见，一只质地优良的收藏级翡翠手镯价格可达到几千万元。

原轻工部 1981 年曾经颁发过《软玉价值评价标值》，把块重作为等级划分的重要依据。

新疆维吾尔自治区工艺美术公司20世纪80年代也曾制定过关于和田玉的等级标准，见下表。

中国和田玉工艺等级标准

品种	等级	等级标准
白玉子	特	羊脂白色，质地细腻、滋润，无绺，无杂质，块重在 6 公斤以上。
	一	色洁白，质地细腻、滋润，无碎绺，无杂质，块重在 3 公斤以上。
	二	色白，质地较细腻、滋润，无碎绺，无杂质，块重在 1 公斤以上。
	三	较白，质地较细腻、滋润，稍有绺，无杂质，块重在 3 公斤以上。
	零子	凡颜色、质地、块度未达到以上标准的。
白玉、青白玉、山料	特	色洁白或粉青，质地细腻、滋润，无绺，无杂质，块重在 10 公斤以上。
	一	色白或粉青，质地细腻、滋润，无碎绺，无杂质，块重在 5 公斤以上。
	二	色青白或泛白，质地细腻、滋润，无碎绺，无杂质，块重在 5 公斤以上。
	三	色青白或泛白，质地细腻、滋润，稍有绺，无杂质，块重在 5 公斤以上。
	等外	色白或青白，有绺，有杂质，块重在 3 公斤以上。
青玉子或山料	一	色泽青绿，质地细腻，无绺，无杂质，块重在 10 公斤以上。
	二	色青，质地细腻，无绺，无杂质，块重在 5 公斤以上。
	三	青，质地细腻，稍有绺，有杂质，块重在 5 公斤以上。

从此表可以看出，当收购和田玉时，等级越高，价格也越高。分析这个等级划分的要素，在强调质地的前提下，块重是划分等级的重要标准。例如特级白玉子料块重在6公斤以上，一级白玉子料块重在3公斤以上，二级白玉子料块重在1公斤以上。青白玉子料、山料，青玉子料、山料都有块重的标准。

在市场上，能够满足治玉工艺和品质要求的大块度子料和山料都比较难找。和田玉山料大多蕴藏在海拔4000~5000米高度的深山之中，一般呈鸡窝状分布，开采难度大，没有大规模机械化开采的条件。当代开采山料多以爆破形式，开采出来都是碎块，完整大块无内裂的优良玉料产出率极低。

由于和田玉矿在发育过程中受地壳运动的自然应力影响，矿体因压力变化也会产生形变和裂纹。

子料虽然没有爆破碎裂问题，但经历千万年山体变化崩裂，滚入河流山涧之中的玉石在风雪流水中最后形成圆润的小卵石状，在漫长岁月的磨砺中，大子料极为稀少。物以稀为贵，价值与重量形成正比。业界几乎不会将完美的大料切为碎块琢治小件。大料大用，小料小用，因形设计，因料设计是行业常识。

(2) 历史上对玉料块重的认识

大块玉料十分珍贵，古代将重量大于100市斤或一尺见方以上的白玉均称为大玉，为不可多得的珍宝。采玉者获取大玉后须速呈报朝廷，遵旨进献，不得延误。中国二十五史等重要历史文献中有过大玉的记载，可见发现大玉是要记入史册的。

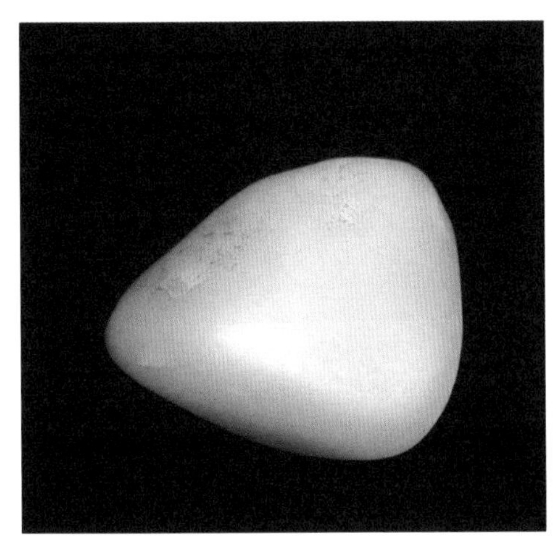

▲ 和田玉子料

▲ 和田玉子料

古代最大的玉器之王是目前保存在北京故宫博物院的《大禹治水图》。今天能看到这尊巨量级的珍品是因为当时在新疆昆仑山深处的密尔岱玉矿采出了这么一块重量达 5350 公斤的青白玉大料。古代的条件下采玉和运玉都极其困难，夏秋时节用数十头牦牛绑结粗绳在山间滑动，若在平路则以平板大车缓缓拖拉，冬春季节的运输方式是在冰雪路面放置圆木滚动前进。史载“日行五里七八里，四轮生角千人扶”。历尽千辛万苦，运玉的团队用了至少 3 年时间终于将玉料运到北京。乾隆皇帝大喜，钦定以清宫旧藏名画《大禹治水图》为蓝图设计这块大料，又运至扬州雕琢为玉山。这座玉山内容为远古流传的大禹治水故事，表现了中华民族征服自然取得的辉煌业绩。

▲《大禹治水图》

《大禹治水图》从运料、设计、琢治完工，历经十余年时间，构图壮观，气势磅礴，在中国玉雕工艺史上具有重大意义。

北京故宫博物院还存有几件大玉珍品，如重达 832 公斤的和

▲ 5.7吨重和田玉大料

田青玉《会昌九老图》玉山子，重达1000公斤的和田青玉《九龙瓮》。这些作品都是难得的稀世珍宝。

当代和田玉大料珍品有一件名为《大千佛国图》，此料来自新疆和田黑山，重473公斤，玉料洁白细腻，在新疆采玉史上少见。扬州玉器厂历经4年设计雕琢完成，成为国宝级的艺术珍宝。

1976年，新疆还采出一块重量为178公斤的白玉大料，据说送到了毛主席纪念堂。

20世纪80年代，新疆玛纳斯县南山的一道河湾，牧羊人发现了一块1100公斤重的碧玉大子料，扬州玉器厂琢为名为《聚珍图》的大玉山，时任中国佛教协会会长的赵朴初老先生欣然题写了“妙聚他山”四个字。这尊碧玉大山子现珍藏在北京中国工艺美术馆。

这些历史上著名的大玉都由业界名家设计雕琢，成为国宝珍品，可见和田大玉的价值。

2010年7月，一块重达5.7吨的和田青白玉巨型大料历经艰难运抵新疆历代和阗玉博物馆。这块被称为当代玉王的和田玉坚韧细腻，白润俏糖，在业界轰动一时，大料的体量和品质均超过了价值连城的北京故宫《大禹治水图》，它的出山，将改写当代玉雕巨作的历史。目前，国内著名的玉雕大师团队正在会商设计方案，创作工期预计5年。

值得一提的是，近年经常有一些朋友请我去看所谓的大玉，有的几百公斤，有的上吨，还有几十吨的，其实这些大料多数均非透闪石玉，石英岩性质的居多。

(3) 块重价值标准的时代变化

纵观中国历代采玉治玉的历史，同等级别的玉料，块重越大，价值越高，但从当今市场的和田玉成交情况来看，这个公式难以完全套用。根据新疆和田玉市场信息联盟交易中心发布的新疆和田玉子料市场交易价格信息，原重 200 克以下的和田玉顶级收藏子料价格为每克 2~3 万元；原重为 200 克 ~500 克的顶级收藏子料价格为每克 1.5~2 万元；原重为 500 克 ~1000 克的顶级收藏子料价格为每克 9000 元 ~1.5 万元；原重为 1000 克 ~2000 克的顶级收藏子料价格为每克 7000~9000 元。级别稍低的特级收藏子料、优质收藏子料价格均为 200 克以下最高。级别更低一些的优质加工料和普通加工料亦为此价格趋势。

根据我的市场观察，30 克 ~200 克之间的收藏级别子料内质细白，色皮珍稀，料型优美者，均可拥有极高的价格，珍品子料往往不会论克议价，只谈这块子料多少万元。

这种小块子料价格高企而大料并未被看好的现象与时代的审美变化和市场需求变化有密切关系。究其原因不外有以下几种：

第一，古代和田玉为宫廷珍品，玉材多为满足制作器皿、山子为主的重器要求，而大料难寻，价值自然远远高于普通小料。当今是全民爱玉的鼎盛时期，市场购买者以玉友与玩家为主流，手件和牌佩成为市场流通赏玩的主要对象。由此，拉动了中小子料的需求。

第二，过去选玉、相玉均由业界玉师操作，玉师的眼力为长期经验所积累。现在全民爱玉，中初级玉友亲自选玉的不在少数。如果专业经验不足，大料内部存在的复杂性、风险性根本无法判断。这种风险在于判断不准皮壳下玉肉的色泽和细度，判断不准玉料中绺裂和混浆蔓延的程度，判断不准玉料中石花分布的广度和深度，判断不准哪一类偏青的玉料加工后能够达到理想白度。和田玉是自然造化的神物，追求百分之百的完美不一定现实，关键是身经百战的行家看上一块料清楚能用它做什么，不能做什么，清楚这块料的赌性有多大，清楚玉料中的瑕疵和绺裂如何处理。在这种情况下，一般的玉友自然不敢贸然去赌一块大料，选几块心仪的小子料做手件或玉牌风险小得多。

第三，和田玉的子料过去均为雕琢原料，现在不仅是作为原料，而是被许多的玉友和藏家直接选购收藏了。他们将外形完美、色度美观的中小子料购而不琢，直接收藏，既养眼又养心。时时在手中把玩盘摩观赏，随着年月的增加与盘玩的程度，观察小子料色皮的变化，而大子料只能恭敬地欣赏，不能随意把玩，新时代流行的把玩件玉料自然交易兴旺。

当然，尽管和田玉块重的价值标准因不同时期有所不同，优质大料的价值始终是不容置

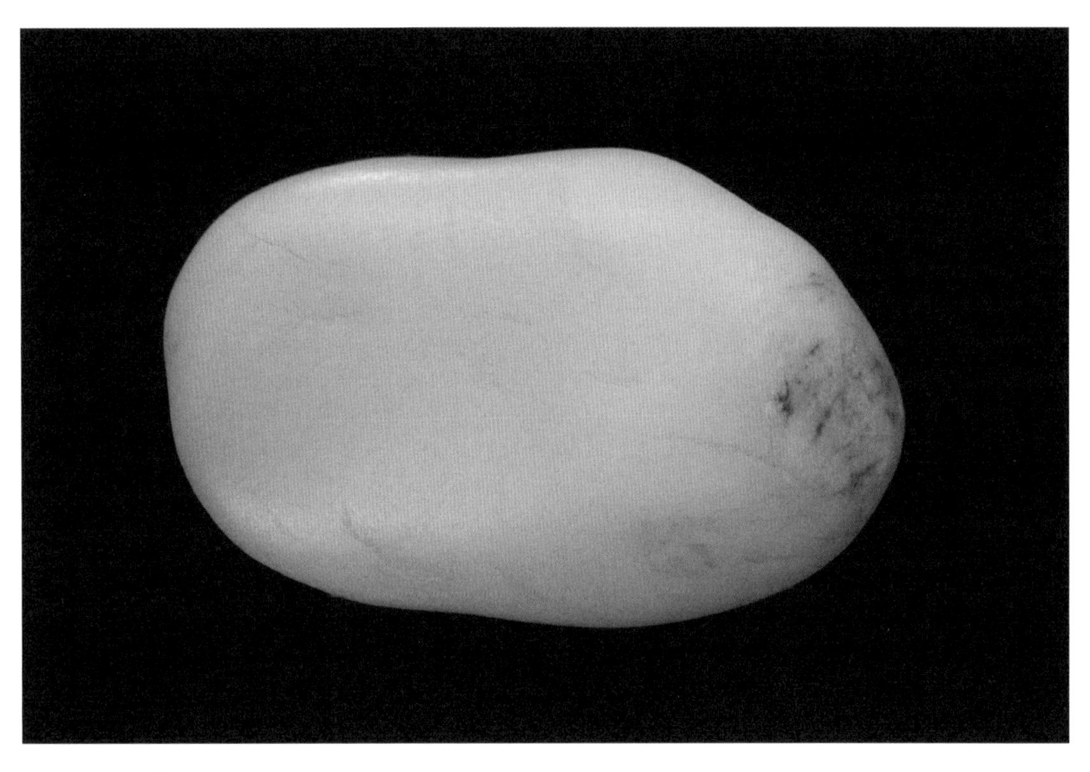

▲ 手件子料

疑的。从中国玉器市场的趋势来看，历史上作为重器的炉、瓶、鼎等器皿件、玉山子以及文人喜爱的艺术插屏等价值被严重低估，未来的市场会呼唤“王者归来”。除了世上难寻的大玉会得到充分重视，能做手镯、大牌、插屏的大块原料都会日益稀少，价值会不断上扬。当前的消费人群大都只是“玩”，艺术品市场的理性趋势仍会以藏为主，“阳春白雪”与大众欣赏还是会有区别。当收藏成为未来艺术品市场交易的主流，和田玉大料市场会十分广阔。

(4) 技术与创意对大料价值的重估

和田玉块重的价值在于高等级玉器对原料的需求，作为日渐稀缺的宝贵资源，优质和田玉将来会更稀少，会表现出更高的价值。随着玉雕艺术的发展和工具的进步，对大玉的利用还会深化，创意设计可以极大改变原料的价值。

① 工具的进步使大玉价值进一步提升

翻开中华万年玉文化史，玉器的琢冶经历了渐进改良的过程。旧石器时代，先民对石器的利用是手工砸制，进化到一万年前至七八千年前的新石器时代，美石的利用进入到以骨片为工具辅以水沙磨制，手工操作。当人类文明发展到青铜时代，旋转砣机产生，治玉工艺发生革命性的变化。脚踏砣机加工玉器延续了三千余年，可以想象，没有这种旋转工具，不可能生产《大禹治水图》那样的玉雕巨作。没有这种旋转工具，大体量玉料也不可能实现其价值。

今天，中国玉雕行业早已使用电动砣机，除笨重的固定砣片和钻头之外，还产生了各种类型的软管工具，磨具和钻头型号千变万化，极尽精巧，解玉砂早已被金刚砂、钻石粉所取代。工具的进步加上交通条件的改善，机动大吊车的出现，都使巨量的玉石能够被运输和琢治，工艺更为精细，美玉的价值进一步提高。

▲ 中国工艺美术百花奖最具文化创意奖《五色玉佩》

② 创意设计扩大了可琢玉的范围

从古到今，“挖脏去绺”一直是治玉工艺的重要环节，但块重足够的大玉却往往包含很多内部问题，如绺裂、僵块、石花、混浆等，问题太多则成为废石无法利用。在新的时代，玉雕名家们充分发挥创意设计才能，许多过去认为是脏石、废皮的玉料得以利用。在一块大玉料上，保其外形，只雕琢局部或掏空内部只留皮壳的作品都在全国性的玉雕作品评选中脱颖而出。

古代的玉雕作品对玉皮一般都全部予以剥除，温润与纯美为玉质唯一的标准。在玉雕创作的新时期，留皮成为时尚，成为亮点，成为创意的标志。近年，一些皮色与料型完美的大料不动其内质，不挖脏去绺，保留其完整的色皮，只在皮壳表层进行精美的艺术创作。这类作品因其文化创意成为时代的珍品。

玉雕艺术审美的变化，自然扩大了可琢玉的范围，许多从前不能利用的玉料得以充分利用，以白为贵的标准正在变为以艺为贵。艺术创作的分量在玉器价值评估中起到重要作用。

③ 链条器皿工艺成为“小料大做”的经典

大料做重器，体量不大的玉料经过特殊设计，也可以形成一件不可小看的大作品，如以扬州工艺为代表的传统玉雕链条器皿件。这类作品一般以链瓶、链壶或是链炉为主，美轮美奂。链条器皿的雕琢方式是在玉料中完整挖出一块，琢为连环链条，玉链悬挂在上方，使玉器的体量增大而又精致玲珑。这是小料大做的经典工艺。

小料大做的作品还有：利用大料中挖出的一块小料以玉链连接的子母件。

这类作品均以特殊工艺弥补了块重不够不能制作重器的不足，在有限的体量中极尽机巧，充分利用。

④ 组合型创作增强了小件的阵容

在玉雕艺术界，拼接为整体的玉器都不会被认可。收藏家只会收藏完整的玉器。但是，小件的组合可以形成一定阵容的艺术系列。

例如新疆历代和阗玉博物馆精选和田玉子料中的白玉、青玉、碧玉、黄玉、墨玉这五个代表性色种，创意设计了一组五色玉佩。玉佩分为内外两个部分，外部为圆柱体浅浮雕，分别表现泰山、衡山、华山、恒山、嵩山的经典景观，代表美丽中华的东、南、西、北、中，亦对应传统五行文化的金、木、水、火、土。每枚玉佩内藏圆柱体，阴刻古代名人诗句，柱体可伸可缩，接口严密规整。玉佩虽小，融炉瓶工艺、阴刻工艺、圆雕工艺为一体。这五色玉佩组合陈列，具有独特的艺术效果，获中国玉器百花奖最佳创意奖。

除了颜色的组合，玉雕界还有一些题材组合的玉器，如“梅、兰、竹、菊”和“春、夏、秋、冬”系列插屏、系列玉牌。

一些重大历史题材的组合玉器和传统文化题材的组合玉器，如十八罗汉、八仙等也具有小玉件，大阵容的特殊意义。

玉器的系列组合按照内在联系有序排列，可以小见大。

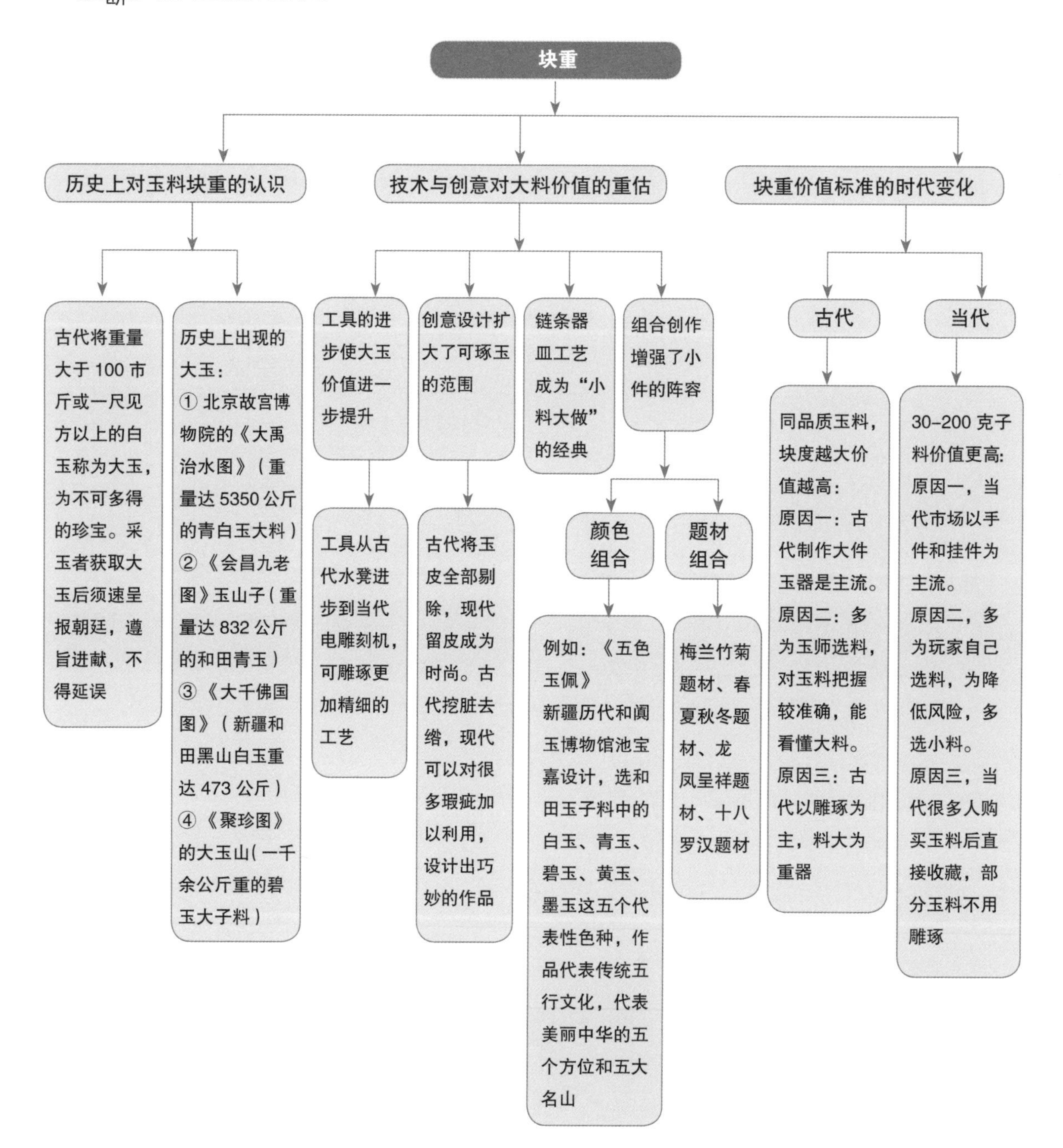

块重
历史上对玉料块重的认识
技术与创意对大料价值的重估
块重价值标准的时代变化
古代将重量大于100市斤或一尺见方以上的白玉称为大玉，为不可多得的珍宝。采玉者获取大玉后须速呈报朝廷，遵旨进献，不得延误
历史上出现的大玉：
①北京故宫博物院的《大禹治水图》（重量达5350公斤的青白玉大料）
②《会昌九老图》玉山子（重量达832公斤的和田青玉）
③《大千佛国图》（新疆和田黑山白玉重达473公斤）
④《聚珍图》的大玉山（一千余公斤重的碧玉大子料）
工具的进步使大玉价值进一步提升
创意设计扩大了可琢玉的范围
链条器皿工艺成为“小料大做”的经典
组合创作增强了小件的阵容
工具从古代水凳进步到当代电雕刻机，可雕琢更加精细的工艺
古代将玉皮全部剔除，现代留皮成为时尚。古代挖脏去绺，现代可以对很多瑕疵加以利用，设计出巧妙的作品
颜色组合
题材组合
例如：《五色玉佩》
新疆历代和阗玉博物馆池宝嘉设计，选和田玉子料中的白玉、青玉、碧玉、黄玉、墨玉这五个代表性色种，作品代表传统五行文化，代表美丽中华的五个方位和五大名山
梅兰竹菊题材、春夏秋冬题材、龙凤呈祥题材、十八罗汉题材
古代
当代
同品质玉料，块度越大价值越高：
原因一：古代制作大件玉器是主流。
原因二：多为玉师选料，对玉料把握较准确，能看懂大料。
原因三：古代以雕琢为主，料大为重器
30-200克子料价值更高：
原因一，当代市场以手件和挂件为主流。
原因二，多为玩家自己选料，为降低风险，多选小料。
原因三，当代很多人购买玉料后直接收藏，部分玉料不用雕琢

6. 色相

(1) 色相纯正

所谓色相，是指色彩呈现出来的面貌。在珠宝玉器界，色相这个概念在各个类别具有不同的解释。例如宝石，达到首饰级别的合格原料才会切割琢磨为戒面或其他颗粒，选择宝石原料主要是看色泽和质地。与只作为镶嵌首饰用的宝石小颗粒不同，和田玉或翡翠能够制作体积较大的作品，色相对整件作品的观感影响就比较明显。

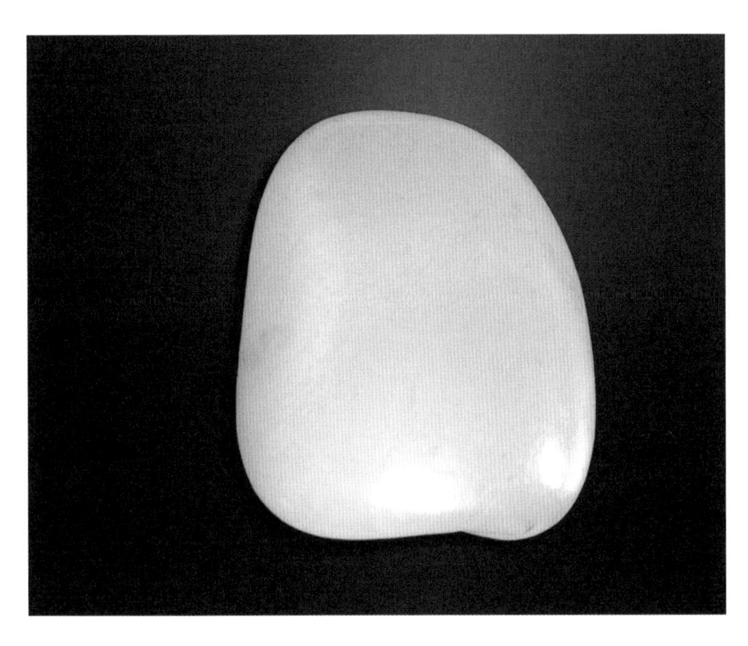

▲ 色相纯正

按照国家珠宝玉石质量鉴定检测中心制定的国家标准，绿色翡翠的颜色分级从色调、彩度（饱和度）、明度等色彩三要素来评价价值。色调的标准是：最高档的绿色翡翠为颜色明亮而浓郁的正绿色，次之则是绿色微黄，再次之为绿色微蓝；彩度即看饱和程度，极浓为最优，以下为浓、较浓、较淡、淡；明度表示绿色翡翠的明亮程度，灰度越低则明度越高，即价值越高，一般分为明亮、较明亮、较暗、暗四个等级。翡翠的审美标准和国际上通用的宝石审美标准有很多共同之处，通透和炫丽很重要。

▲ 色相不正

和田玉是单色玉材，按目前的国家标准大致分为 7 种颜色，理化结构及性质与翡翠和宝石也不同。几千年来，中华民族对玉之美具有民族心理和人文道德观。现在市场上价值最高的当属白玉，而历史上玉材色相纯正才是最高标准。如古人所说："黄如蒸栗，白如截脂，黑如纯漆，谓之玉符……"这种纯正意识一是指玉材内质统一均匀，温润饱和，透度适中；二是指子料外表色皮均匀或透过色皮显露出玉色均匀美观。

因此，和田玉讲究的色相纯正与玉的色种无关，与色皮类别也无关，它是美的一种感觉，或浓或淡，各有不同。如白玉、黄玉和墨玉要求色度饱和，色度足够而且均匀为纯正，但青玉则不是以饱和及色度来判断，"沙枣青"这个青玉的品种颜色偏淡，青的感觉有点另类，被认为是高品质的青玉。同样，碧玉颜色过浓也不被认为是上品，近年碧玉的审美标准是趋向于翡翠的。

总体而言，和田玉的色相是以均匀度、饱和度、温润度和透度来综合考量。

(2) 色相奇巧

和田玉是一种能够大块使用，内质为交织纤维结构的玉料，实际上，有许多玉块的内部颜色并不均匀。这种内质颜色的交混如果奇巧也可以成为高价值的优材，用于收藏或创作高价值的艺术品。玉质均匀纯正是容易判断的，而色相奇巧则指玉材的混合色奇异和巧妙，它在玉材中不是破坏性的、负面的颜色，而是增加了这种异色后会使玉料增加特殊的价值。内质的自然巧妙混色会给玉雕师创作带来特殊的创作灵感，使创作者发挥不同寻常的灵感。

利用和田玉的特殊异色巧妙创作最早可以追溯到3000多年前的商代的一只玉龟，这是河南安阳殷墟考古发掘出的古玉文物之一。在当代玉雕创作中俏色巧雕已经十分流行。糖玉和墨玉的青花料均有大量色相奇巧的现象，青花玉中最高价值等级不是颜色均匀的黑色

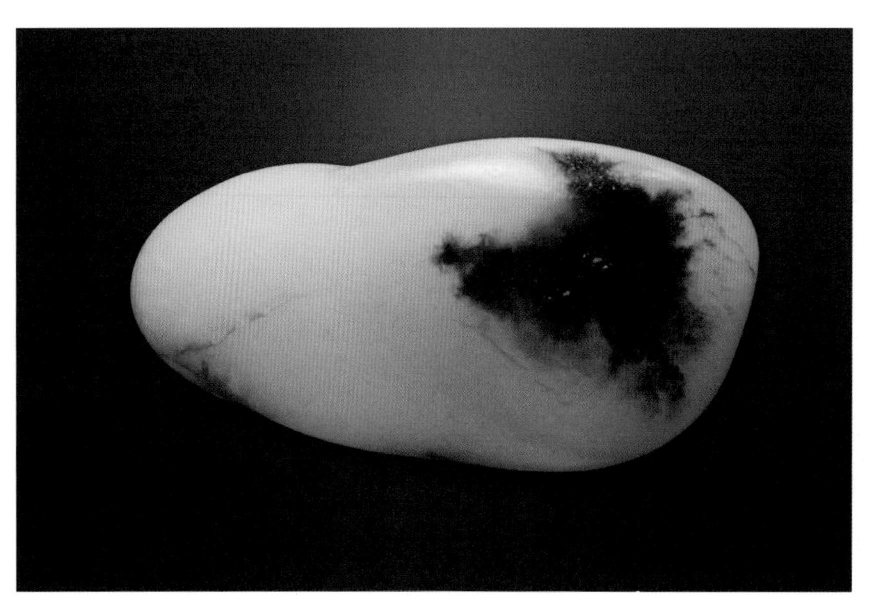

▲ 色相奇巧

和黑灰色，而是黑白相间、分隔鲜明的材料。

近年，青海料中含翠色的材料走红市场，这种俗称“青海翠”的玉材和青花玉一样，是因为玉材的混合色形成一种特殊的美感。这种他色的混入须是奇巧而具有创作元素的，如果不奇不巧则不能为玉材增分。

色相奇巧是和田玉的另类之美，在判断其价值时应看重颜色布局、自然天成、色块浓淡等因素。

(3) 色相凌乱

有的和田玉色相凌乱，无论是色皮的杂混还是玉材切开后的窜僵、窜糖、混色的现象，这种凌乱不堪的色相会大大降低和田玉的价值，甚至使玉材价值降至报废的程度。所以，原料在创作前的相玉过程很重要。如果一块和田玉子料沁皮厚重、裂纹深乱， 剖开后内质色相难看、颜色混乱的可能性极大。深厚沁皮料品质没有保证的原因是，因为深埋地层之中时间太久，缺乏急流冲刷，沁入过多的铁元素等，内质受到破坏。所以，高等级的和田玉子料一般均为极薄的色皮或稍厚的油皮，深厚的沁皮往往影响子料内部的色相，即便内质细润，致色因子导致的零乱色相也会使玉材失去使用价值。

也有一些厚皮璞玉即俗称石包玉，皮壳极厚，切开后内质却优良均匀，那是因为这块子料外表光润无深裂，内部没有沁入致色因子而保留了玉质的纯净。

所以“玉出五色，价值连城”指的是奇巧美观的色皮或奇妙混色的内质，而不是颜色混乱不堪的玉肉。

和田玉山料也有因多年水土侵蚀而致使内质颜色混乱的现象，但山料的这种现象一般出现在外层矿料，采掘时会看出基本颜色。

色相凌乱的和田玉价值不高。

▲ 色相凌乱

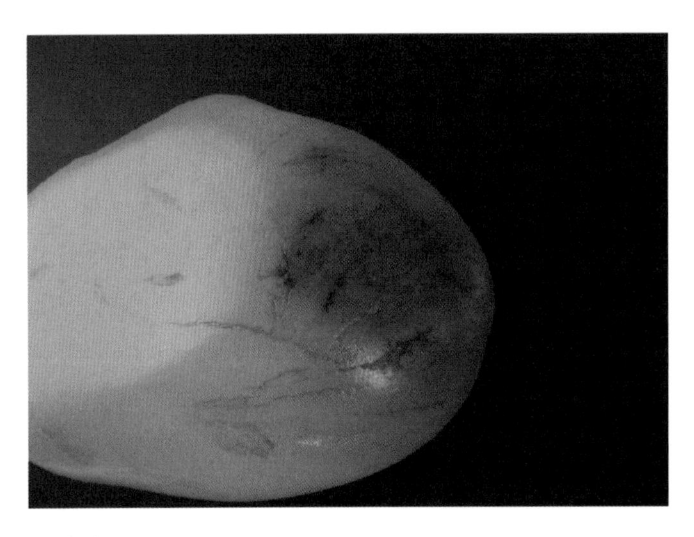

▲ 色相阴暗

(4) 色相阴暗

无论是白玉还是青玉，任何和田玉的色种如果色皮阴暗无温润之感，或切开后内质灰暗无光，这种原料的等级一定很低。珠宝玉器均以正色为佳，发灰发暗的颜色无法琢为高等级的作品。色相阴暗不是指颜色太深，而是指晦暗无光，没有珠光宝气的明丽美感。一块色相正常的和田玉料，如果颜色偏青，白度不足，雕琢片状的玉佩或器皿件会提高白度，这就是业内常说的“返白”现象，而颜色灰暗的料子不可能返白。

说到色相阴暗，还有一种同一块子料品质不均匀的现象，业界的说法是子料有阴阳两面。阳面玉色滋润细腻，色相明亮，阴面则相对粗糙，颜色显得阴暗一些。有专业人士分析这种现象是一块子料长期停留在河畔。向上的一面流水冲刷较多，久经风吹日晒和流水的洗礼，玉质净化过程较好，而压在水土之中的底部缺乏阳光和急流冲刷，杂质就会积淀于此，玉质就显得粗糙灰暗。也有人士说子料的阴面是玉块冲入河床后伴生的石质在形成子料的过程中未冲刷干净依附在子料的一侧，石性重的部分是阴面。

不论这种观点是否能够成立，一块玉料两面不均是普遍存在的现象。玉雕师在创作时会因材而琢，巧避弱点，把最好的画面设计在阳面，尽量不用或少用阴面。整块原料均为阴暗的色相一般会弃之不用。

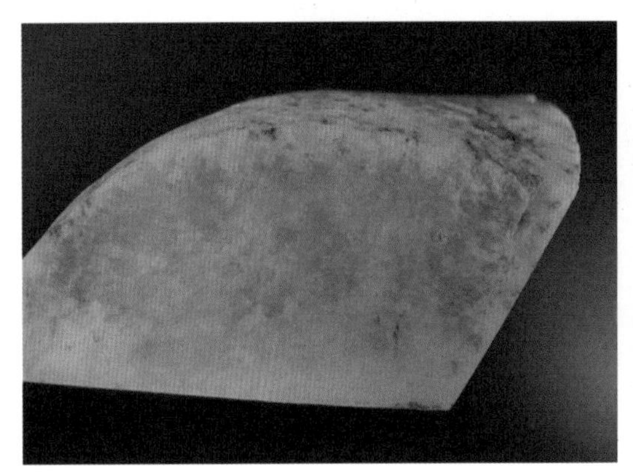

▲ 窜僵

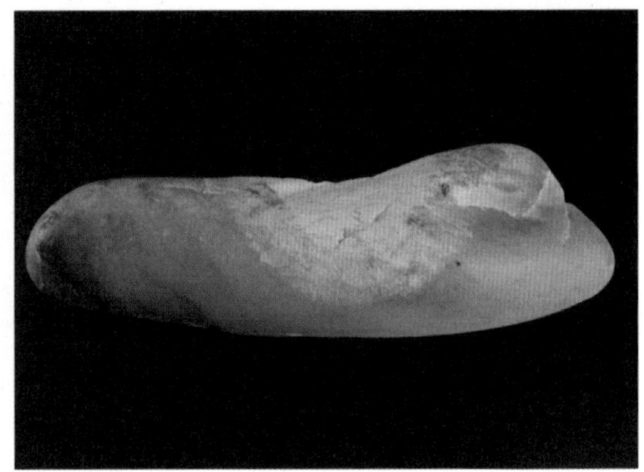

▲ 硬僵

(5) 色相僵瓷

和田玉普遍存在料中有僵的现象。僵的矿物成分是钙，是和田玉在大自然形成过程中的一种伴生钙化物。僵的玉质缺乏润度和透度，很难创作为高级艺术品。“僵”和“瓷”实际上是玉化程度不够，没有达到纯玉的级别，是属于石性太重的玉。这种玉材色相显然不符合中国人对和田玉的传统审美。

玉料中有僵，也是和田玉的一个重要识别标志，目前和田玉的僵还无法作假，所以可以作为鉴别和田玉真假的一个重要特征。山料中也有僵，所以僵不是区别子料和山料的标准。

和田玉中的僵又分为硬僵和窜僵两种，硬僵一般在子料的阴面或局部。业内常说“僵皮出细肉”即指这种硬僵子料伴生的往往是极为细润的好玉。很多羊脂玉或高等级玉，在同一块料中都有僵皮或僵肉。所以，和田玉的色相僵瓷虽然是负面的评价，但得看具体情况，是硬僵还是窜僵？是整体发僵还是局部发僵？另一种僵即僵点石花布满玉材表面或内部，或僵流在玉质内乱窜，这是窜僵。遇到这种现象，除非是属于鬼才的大师来创作，否则无法利用。一般情况下这种子料属于废料，基本上无人问津。

和田玉中的“僵”和“瓷”也有区别，瓷是玉肉不透不润，如“鸡骨白”即属此类。“瓷”的玉肉往往是细腻的，但不通灵，显得僵死。业界有些人说僵和瓷的子料经过长期摩盘能够盘活，使之美观灵动。如果确实能够通过盘玩改善，恐怕时间极长，这种说法有待考证。

7. 形态

(1) 形态与价值的关联

人类社会对人对物均有文明进化过程中积累提炼而形成的审美习惯，比如对称是美，圆润是美，明丽是美，平衡是美。美，可以是天然美，也可以是人工美、修饰美，天生丽质的美当然更有价值。人的外表如此，和田玉亦如此。一个自然的原生态和田玉手把件或挂件一定比用大块切磨成片的小件价值和价格高。

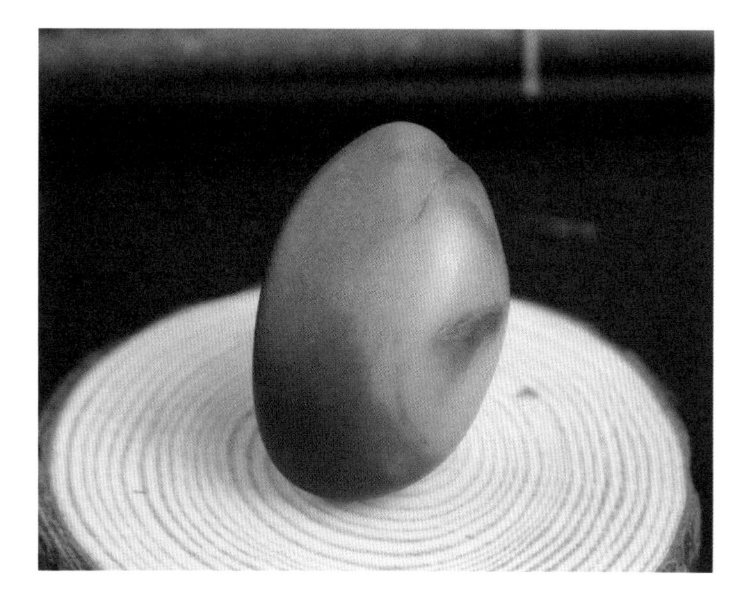

▲ 形态优美的小子料

天然之物是大自然千万年的造化，千姿百态，各有个性。就美玉中的珍品和田玉子料来说，符合规矩、比例得当的原石总是给人带来美的享受和愉悦的心情，形态不佳、扭曲单薄的残石或怪石禁不起时间的考验。

和田玉子料的形态在千万年流水的磨砺和优选过程中，一般会成为鹅卵石状，皮壳会变得光润，外表有深浅不一、分布不均的颜色，一些造型优美、色泽美丽的就成了玩料。收藏者将美好贵重的子料玩而不琢，永世珍藏，足见其价值之高。因此，对子料形态珍贵性的把握是和田玉价值评估的重要环节。

(2) 天然形态是大自然对美玉品质的修炼

和田玉子料是地球上众多矿产中一种特殊的产物。子料与山料理化性质相同，但经过了千万年沧海桑田的变化，山料形成了圆润美观的卵石状，这当然是地质运动的结果，是和田玉在大自然流水冲刷和风雨剥蚀中优选、优化和丰富的过程。这个年代很漫长，千万年流水和风雨的优化是毋庸置疑的，但子料品质和外形在和田玉深埋地层时有没有经过温度、压力的影响有待地质专家考证。例如业内常说的“僵皮出细肉”与后期自然冲刷的优化过程可能无关。子料形成中的优化要依靠角闪石、透闪石在岩层积淀过程中的压力，水土中化学因素的浸蚀，以及温度变化时原石不断碎裂又在河流中长年冲刷磨砺的过程。

▲ 形态优美的小子料

这个过程当然是复杂的，提升了品质，形成天然的毛孔，浸染了美丽的色泽。价值较高的天然和田玉子料形态是各种自然磨砺过程的综合结果。

(3) 子料形态的特性

每一块和田玉子料都不会相同，它的形成有一定规律，也有因时因地形成的差异。我们评价和田玉子料的形态，要

▲ 形态优美的子料

看它的磨圆度，它的外表是具有天然毛孔的，是没有棱角的，是形成了自然本色外层或它色外层的，这种磨圆度不是指一定为浑圆状，而是表层光滑和流畅。虽然光润但有一些棱角的玉料基本上属于山流水料。和田玉的小块子料一般磨圆度较好，外表比较丰满圆润，大子料则外表变化较多，通常可能是一面较平，一面较凸，或在某些部位有凹的特征，这些形态都是自然变化过程中形成的。一块大的玉石各部位玉性不同，优劣不一， 长时间的流水冲刷自然会各有变化。

(4) 子料常见的各种形态

① 山形

天然的和田玉子料中，山形子料最受玉友和收藏家欢迎，价值也最高，山形子料为上小下大的形态，饱满美观，表皮或多或少有点绺裂，或深或浅有些色泽，绺裂和色泽都记录着大自然沧海桑田的历史变迁，正可谓“美石不言最可人”。山形小子料适宜把玩摩盘，雕琢手把件或挂件形态自然，较大的子料设计为山水雕也极具平衡稳重感。因此，山形子料用途广泛，是收藏的首选。

▲ 山形子料

一块天然的子料经过大自然

▲ 山形子料

▲ 圆形子料

▲ 条形子料

千万年的磨砺冲刷形成光润的山状实属不易，如果再考虑到子料外表的各类色泽，其珍贵性是人工切割的玉石远远不能相比的。收藏子料首先要观察外表的色泽是否天然，再看是否有动刀的痕迹，天然与人工的价值大不一样。

山形的子料形态也是变化多样的。有的是高山状，有的是低矮状，有的是规则的滴水状，有的是元宝状。如果要请玉雕师创作为佩戴胸前的挂件，规则的滴水状或高山状更具有美感，创作大型玉雕也显得高大雄伟。低矮形态的山形子料创做大型玉雕作品在视觉上就显得份量不足。玉雕艺术讲究小料大做，一般说来，原石雕琢能够尽显其美，给人的视觉冲击力是不同的。

② 圆形

天然的和田玉圆形子料形态可爱，创作用途略少一些。圆，不一定是玻璃珠那样圆，基本上为球状的浑圆。这种玉籽在新疆昆仑山产玉河流中比较难寻。可以想象，圆形的子料在河床中磨砺冲刷的年日甚为久远，内质一定老熟油润。和田玉的圆籽是属于十分珍贵的收藏级品种。

③ 条形

和田玉山料从深山母矿中碎裂，冲入河床，长条的玉块在漫长的岁月

▲ 片形子料

里冲刷光润，这个过程中或断裂为几条，形成长形的玉籽。这种形态的子料可以把玩，可以雕琢，具有较多的创作用途。条形子料往往很有特色，色皮也往往不会过于厚重。人们对子料的品质判断一般从外表观察，第一是净度；第二是润度；第三看绺裂的多少和走向。条形的子料因为细长，容易看透玉质，初入行玉友不易吃亏，用于把玩和雕琢具有很大的创作空间。

④ 片形

片形和田玉多见于戈壁料和山流水料，应该是从山料中裂变出来的，时间不长。片形的子料亦不多见。片形较薄的和田玉容易判断玉质，虽不一定适宜作为裸料收藏把玩，但设计创作为作品还是很好的，价值低于山形和圆形的子料。

⑤ 不规则形

新疆昆仑山河流中能够找到一些不规则的和田玉子料，这是一种异形。阿尔金山戈壁滩地也有许多不规则的戈壁料。这些不规则的子料和戈壁料如果玉质较好，略做整形或切开后均可用于创作珍品，较小的玉块则无高的使用价值。当然也有例外，如有一块子料为L形，玉雕师或许可以施以一些另类的创意。中国玉雕大师范同生将一块异形的

▲ 不规则形戈壁料

子料创作为一只青花墨玉的皮鞋，名为“学业有成”在业界引起极大反响，获得全国玉雕评选百花奖金奖。也有大师将异形子料创作为鞋与鼠的作品，设计出“执子之手，与子偕老”的传统题材，精美而令人赞叹。

(5) 不同形态的价值

形态完美、色泽美观，重量在30克至200克之间的子料是藏家首选，这种形态与色泽往往是大自然鬼斧神工留下的杰作，是当之无愧的大地“舍利”，是集天地之精华的宝物。完美级的子料是纯天然的造化，无任何缺陷，比例适当，色皮均衡丰富，是一种玩料，不会有人去雕琢；优美级的子料自然天成，线条优美，可以略有瑕疵，如收藏者对美玉的色彩形态包容度较高，不必雕琢，遇到优秀的大师产生极好的创意，亦可创作为传世珍品；优良级的子料观感甚好，有少许缺点，如石花、绺裂等，经设计雕琢挖脏去绺，可以成为高端艺术品或市场精品；普品子料则存在不同的缺点，或形态不正，或色相欠佳，或石僵居多，或绺裂明显，经创作得当才能成为良品；次品子料则可用性不大，不排除天才大师的巧雕和另类创意；垃圾子料虽属于和田玉的范围，在工艺上很难利用，其价值不必评论。

▲ 不规则形戈壁料

判断

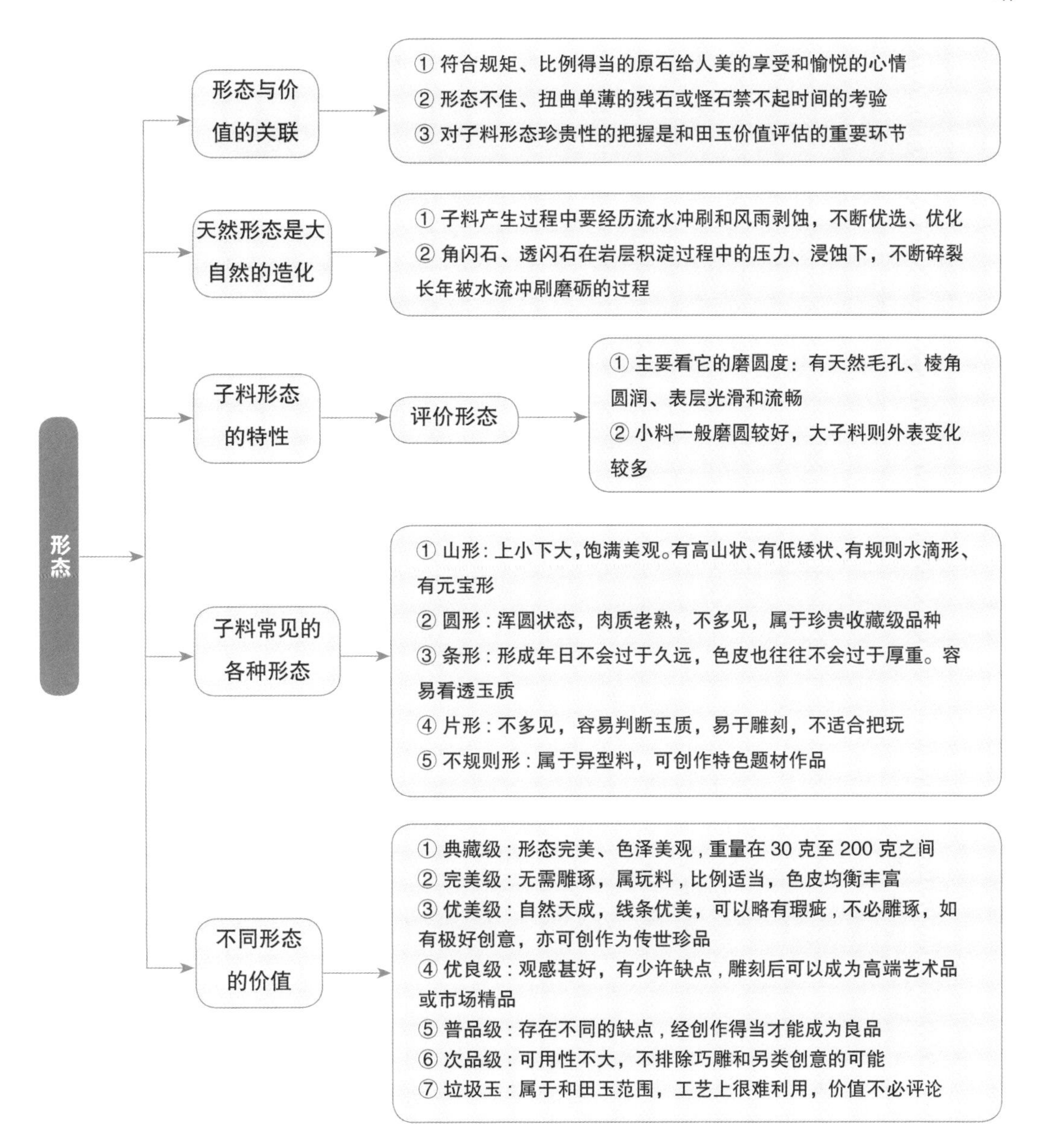
形态
形态与价值的关联
① 符合规矩、比例得当的原石给人美的享受和愉悦的心情
② 形态不佳、扭曲单薄的残石或怪石禁不起时间的考验
③ 对子料形态珍贵性的把握是和田玉价值评估的重要环节
天然形态是大自然的造化
① 子料产生过程中要经历流水冲刷和风雨剥蚀，不断优选、优化
② 角闪石、透闪石在岩层积淀过程中的压力、浸蚀下，不断碎裂长年被水流冲刷磨砺的过程
子料形态的特性
评价形态
① 主要看它的磨圆度：有天然毛孔、棱角圆润、表层光滑和流畅
② 小料一般磨圆较好，大子料则外表变化较多
子料常见的各种形态
① 山形：上小下大，饱满美观。有高山状、有低矮状、有规则水滴形、有元宝形
② 圆形：浑圆状态，肉质老熟，不多见，属于珍贵收藏级品种
③ 条形：形成年日不会过于久远，色皮也往往不会过于厚重。容易看透玉质
④ 片形：不多见，容易判断玉质，易于雕刻，不适合把玩
⑤ 不规则形：属于异型料，可创作特色题材作品
不同形态的价值
① 典藏级：形态完美、色泽美观，重量在 30 克至 200 克之间
② 完美级：无需雕琢，属玩料，比例适当，色皮均衡丰富
③ 优美级：自然天成，线条优美，可以略有瑕疵，不必雕琢，如有极好创意，亦可创作为传世珍品
④ 优良级：观感甚好，有少许缺点，雕刻后可以成为高端艺术品或市场精品
⑤ 普品级：存在不同的缺点，经创作得当才能成为良品
⑥ 次品级：可用性不大，不排除巧雕和另类创意的可能
⑦ 垃圾玉：属于和田玉范围，工艺上很难利用，价值不必评论

二、工艺的价值判断

1. 色理润美

和田玉的魅力首先是“玉质美”，质美是和田玉的重要特点，是先天的基础，而“工艺美”是以创作能力表现玉料的后天之美。

(1) 料性高洁

需要强调和田玉作品琢工对美玉价值的表现与提升。高明的琢工不在繁缛，而在能够表现颜色、纹饰与润泽之美，能够表现玉质的高雅与纯净。唐代诗人韦应物诗云：乾坤有精物，至宝无文章。雕琢为世器，真性一朝伤。诗人认为美玉这样的宝物是无须雕琢与粉饰的，否

▲ 当代玉石雕刻机

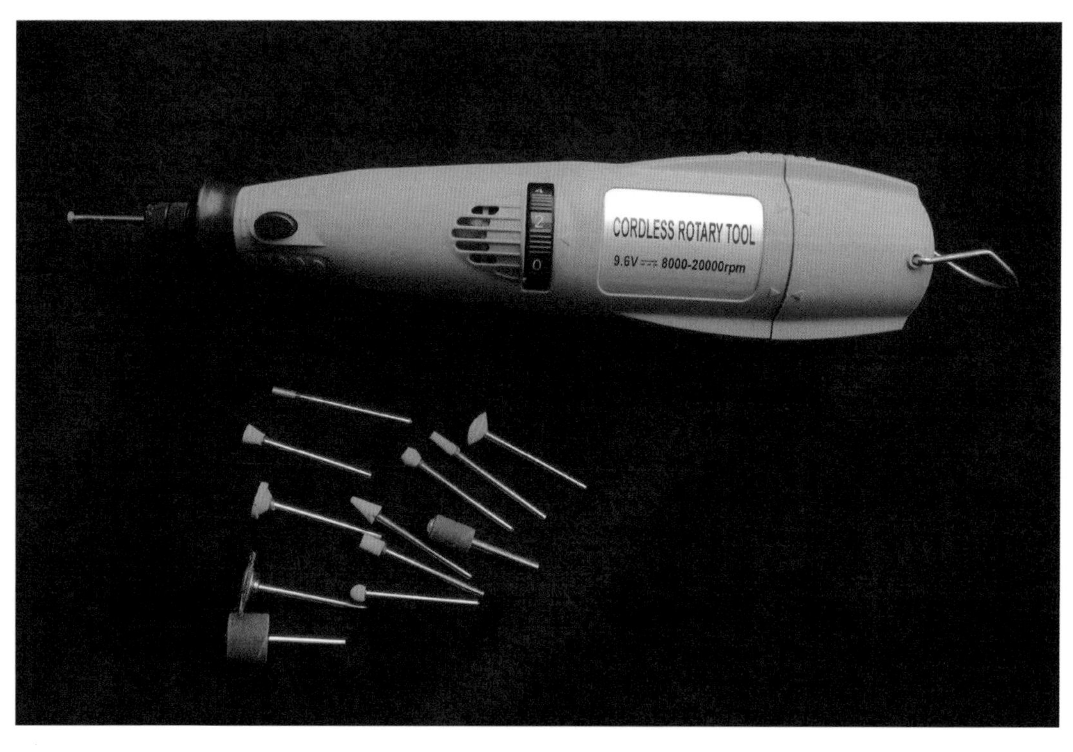

▲ 微型电动工具

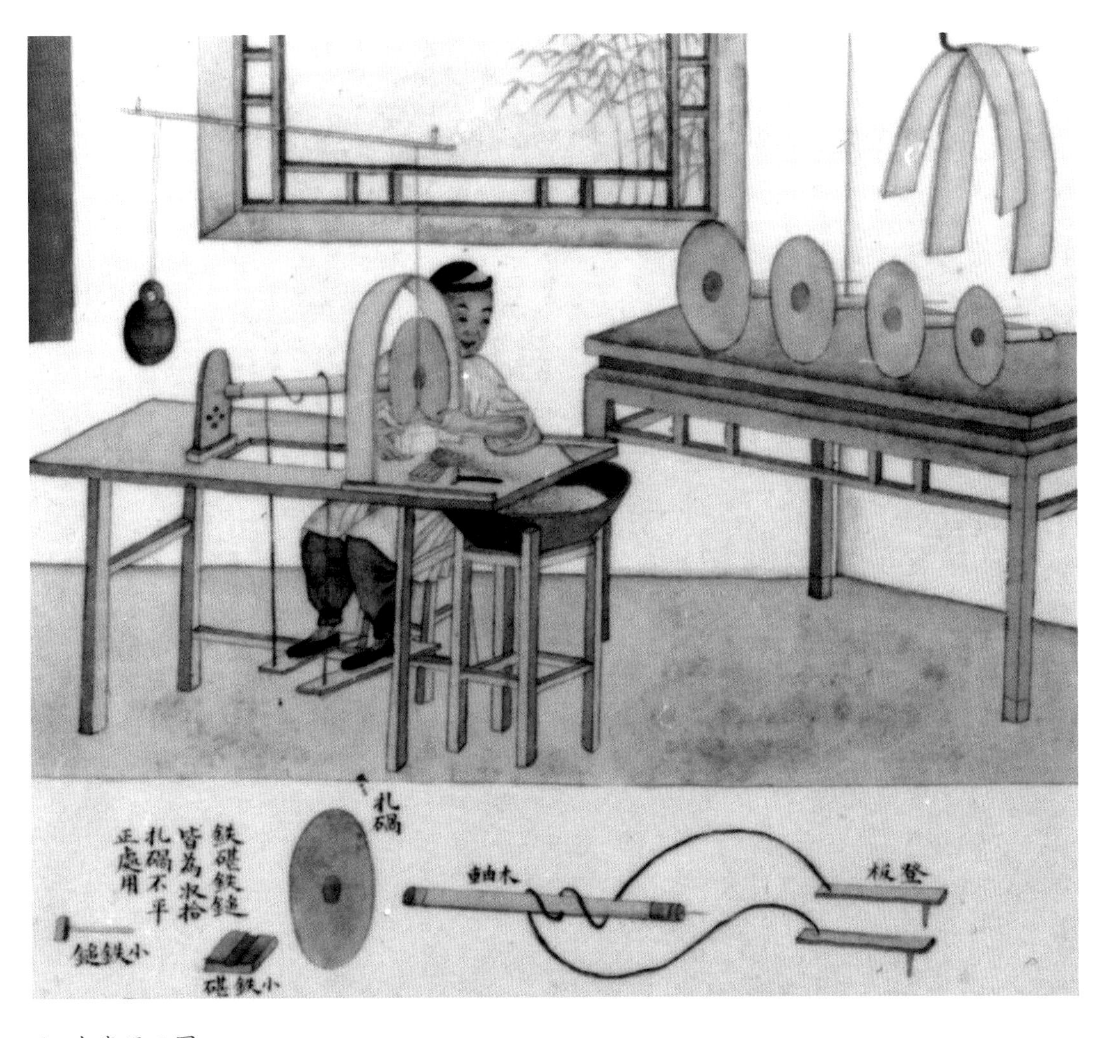

▲ 古代琢玉图

则破坏了它的本性，自然高洁是最高境界。

从玉雕作品的工艺审美来看，匠气过浓的刻意雕琢往往使美玉成为世俗之物。作品的素美十分重要。

(2) 材质天然

无论是白玉还是青玉，材质细腻、颜色纯正是创作为珍品的基础，为取悦时尚，泡制红皮白肉的染色效果是收藏的大忌。和田玉虽然以单色居多，但也有糖白彩色之美，有青花混合的黑白之美。子料的多彩色皮更是千变万化，其天然之美，堪称鬼斧神工。对创作工艺的审美要求应是自然天成，巧妙用色远远胜过刻意雕琢。和田玉天然润美的色理是自然美的重要特征。

(3) 晶莹温润

透度适中、晶莹灵动、细腻柔和，表现出和田玉作品润泽与内敛的特质。古人对美玉温润品格的赞美，是对和田玉材质自然属性的总结与提炼。所以，玉雕界的名家大师在审视一块玉料如何创作时，往往耗费很长的时间，“相玉”与“审料”的过程十分复杂。一块原料如果偏青发闷。琢治玉牌可能观感不佳，而创作器皿件如炉、瓶等，往往能使作品显出温润灵透之感而避其厚重有余之缺点。

2. 简洁和谐

工艺的简洁是对和田玉琢工适度、洁净明快的价值判断。纹饰过于繁缛，使美玉的观感杂乱无重点，效果适得其反。

▲ 和田青花子料《必定如意》手镯

(1) 造型美观

优秀的和田玉作品设计构思是前提，最终应有优美的形象。这种形象是比例准确的、雕琢形态丰富多姿的。器皿造型周正、规矩、稳重，玉佩灵动、秀美、晶莹、巧妙。一件作品，造型的准确性是美观的基础，准确把握整体造型，才能提高作品的艺术表现力。

(2) 和谐得体

作品的和谐主要表现为情景交融，人物与景致的设计布局应呼应统一。中国的传统文化一贯强调天人合一，在玉雕创作中应能看到人与自然的和谐统一。

(3) 线条流畅

工艺之美在玉雕作品中的重要表现是雕琢线条的细腻圆润、自然流畅，优美的线条是作品的灵魂。线条纹饰形成的手法，或苍劲，或娟秀，或挺拔，或飘逸，或粗旷，或细腻，都是琢玉师的艺术语言。平直的直线，灵动的曲线，可谓神来之笔，而呆滞、粗劣的线条完全不能表现工艺的美感。

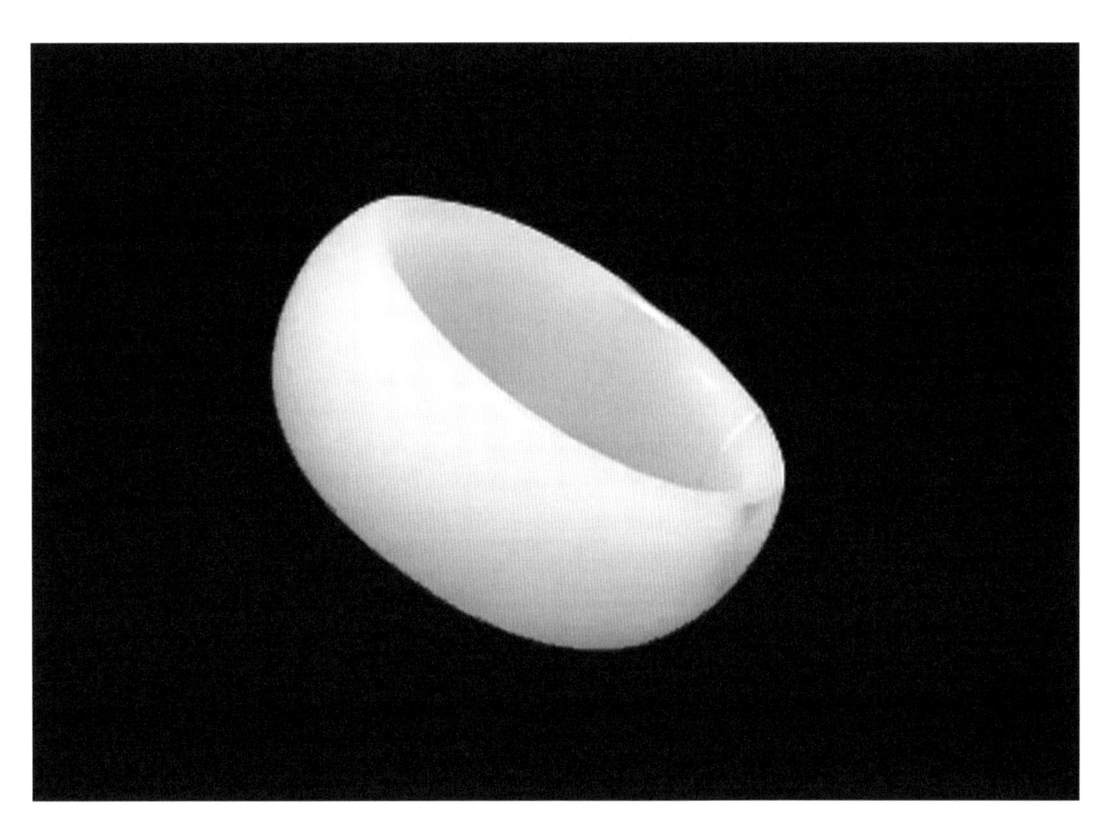

▲ 和田玉羊脂玉子料手镯

3. 布局合理

(1) 主次分明

合理的布局是主题突出，有主有次，主次分明。无论是大型作品还是牌佩小件，都应清晰表现全局，合理布局。人物如何安排，如何确定主次关系，以及建筑物的分布，花草鸟兽的设计，都必须一目了然，不能含混杂乱。

(2) 疏密有致

玉雕作品的工艺价值重视布局的疏密有致。这是设计构思中的条理性和规律性。疏密有致的布局，讲究密而不实，疏而不空，整体与细节搭配协调，动静结合。既有规律，也有情趣，显示出玉雕师对画面布局的把握能力和由此表现出的空灵之美。

(3) 层次清晰

层次清晰的工艺要求更多体现于“山子雕”，这是和田玉作品常见的传统题材，玉雕师

▲ 大师作品 《羽鹤仙踪》

▲ 神工奖最佳工艺奖《双仙论道》

需要有较高的造型设计能力、构思能力和深厚的传统文化修养。传统的山子雕创作是以一块完整原料为载体，保形掏洞，表现人物、山水、楼亭、花草等，讲述历史故事，雕琢一个完整的艺术场景。山子雕作品讲究层次清晰，点面合理。业内讲究："丈山尺树，寸马分人"的法则，使人物与场景构成远近景的交替变化。和田玉的花卉作品、多层镂空作品也讲究设计雕琢的层次感。

(4) 对称平衡

玉雕作品尤其是器皿件作品对构图的对称十分重视。器皿件在古代多为宫廷重器，讲究庄重、大气、平衡、安定的感觉。这类作品的对称，一是中心对称；二是左右对称。对称平衡的重点是安宁的平和协调之美。对称平衡与主次分明是不同的概念，同样是画面中的呼应关系，但是不同的布局设计，表现出的形象截然不同。

4. 工艺精致

(1) 琢工严谨

和田玉作品是美的载体，无论工艺是简洁还是繁缛，历来对琢玉都有很高的要求。雕琢是一个复杂的过程，是表现作品内容、传递审美感觉的重要手段。判断工艺的价值，首先要看雕琢技艺是否严谨，这种严谨是指严格和准确，比如人物造型的结构、比例、动态、纹饰、形象、陪衬等，都应体现高超严谨的工艺水平。

(2) 精细巧妙

精细，是精雕细琢。玉雕师用飞速旋转的砣机，在坚硬的玉石上雕琢各种人物、走兽、花草、山水，繁而不乱，线条流畅，是一项十分复杂的技艺。在雕琢的过程中会遇到许多设计过程中没有发现的问题，往往会临时改变构思，或巧妙地随机变动设计。这种精细巧妙的工艺过程与简洁明快的构思设计并不矛盾。

(3) 打磨平润

打磨和抛光是玉雕作品完成时的最后环节。砣机完成的创作，表层仍是粗糙的，需要以手工砂条精细修磨，对每一个细节进行抛光处理。打磨与抛光是衡量工艺精致与否的重要环节。打磨达到平、顺、润、泽四大效果，才能使工艺的精致最终落到实处。

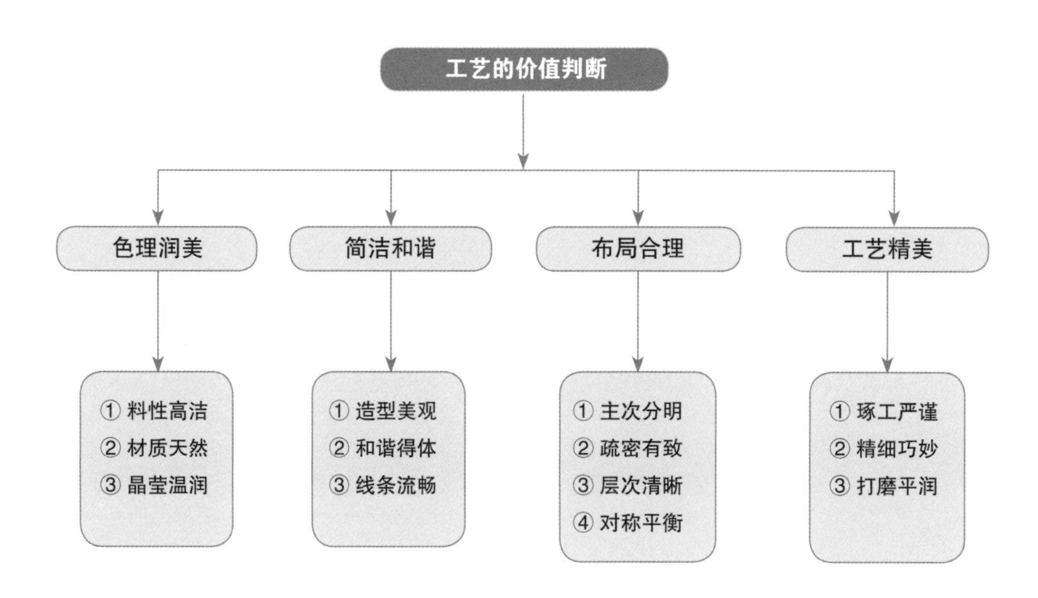

三、创意的价值判断

1. 构思设计独特

一件作品是否有独特的构思设计是判断这件作品唯一性、稀有性、艺术性的重要标准，也是普通工艺品与艺术收藏品之间的重要区别。有人用一个幽默的例子说明了这个问题。一个理发师，手艺不错，只会理平头，所有找他理发的人都会被他理成平头，这就是工艺品，而另一个理发师会根据每一位客人不同的头型、发质、年龄以及职业特征精心设计，并以高超技艺使理发者焕然一新， 这就是艺术品。这个比喻十分贴切。这就是说，工艺品是以工艺精美为最佳的效果，而艺术品是一种创作，是思想与技艺的结合，追求“天工”“神工”的艺术效果。

▲ 和田玉子料皮雕作品《安居乐业》

▲ 大师作品 《金刚经》

▲ 大师作品 《水上漂》

2. 文化内涵深厚

和田玉成为中华民族的心灵之友，最重要的原因是和田玉为中华文明的见证和精华。丰富深厚的文化内涵是和田玉创意设计的根源和基础。纵观古代的玉器和今天市场上流行的和田玉艺术品、工艺品以及普通商品，无一不铭刻着中国传统文化的印记。

纵观中华五千年文明的各个历史时期，玉器的内容和形式都承载着当时社会的思想、文化和信仰。今天，我们探讨和田玉作品的创意与创新，是用新的观念与艺术思维去传承与拓展古老的文化题材，中国深厚的传统文化是当代玉雕取之不竭的创意源泉。

▲ 和田玉子料《如意兰花链瓶》

一件玉雕作品，材质是表现美的基础，技艺是表现美的手段，如果在创作过程中融入深厚的文化元素，作品的内涵就会上升到一个相当的高度。因此，判断和田玉作品的价值，应充分重视文化创意、文化内涵、文化意象。“道可道，非常道”“道法自然”，中国的古老哲学思想是和田玉作品创作中的宝贵财富。

3. 意境深远新颖

意境是和田玉作品的气质与精髓，是一种内在的感觉和神韵。在玉雕作品狭小的画面中，情景交融，虚实统一，以小见大，能够感受到生命的律动、天地的呼吸和盎然的生机。清末

▲ 和田玉子料《四足双耳狮纽吊炉》

大文人王国维在《人间词话》中说："词以境界为最上。有境界则自成高格……"和中国书画艺术的境界一样，和田玉作品的境界正是以艺术创作的妙美，用可道之言，可名之物，可形之象来表达自然界中不可道，不可名，不可形的"宇宙之道"。

中国玉雕名家樊军民大师认为："艺术不一定合理，也不一定要面面俱到，但一定要有意思，有意趣，有意味，有意境……作品工艺很好，做得很像，那只能算是精品，能够说出哪里好。妙品、神品则是一种感受，说不出哪里好，但就是喜欢，所谓妙不可言。"这就是一种境界。

苏州名家范同生大师创作的和田玉作品《庄周梦蝶》同样表现了这种妙不可言的艺术境界。

意境的深远与历史、文化和天地自然有关，新颖则需要在人们习以为常的文化与生活中提炼出超凡脱俗、美妙、鲜活的内容。

▲ 大师作品　《曲水流觞》牌

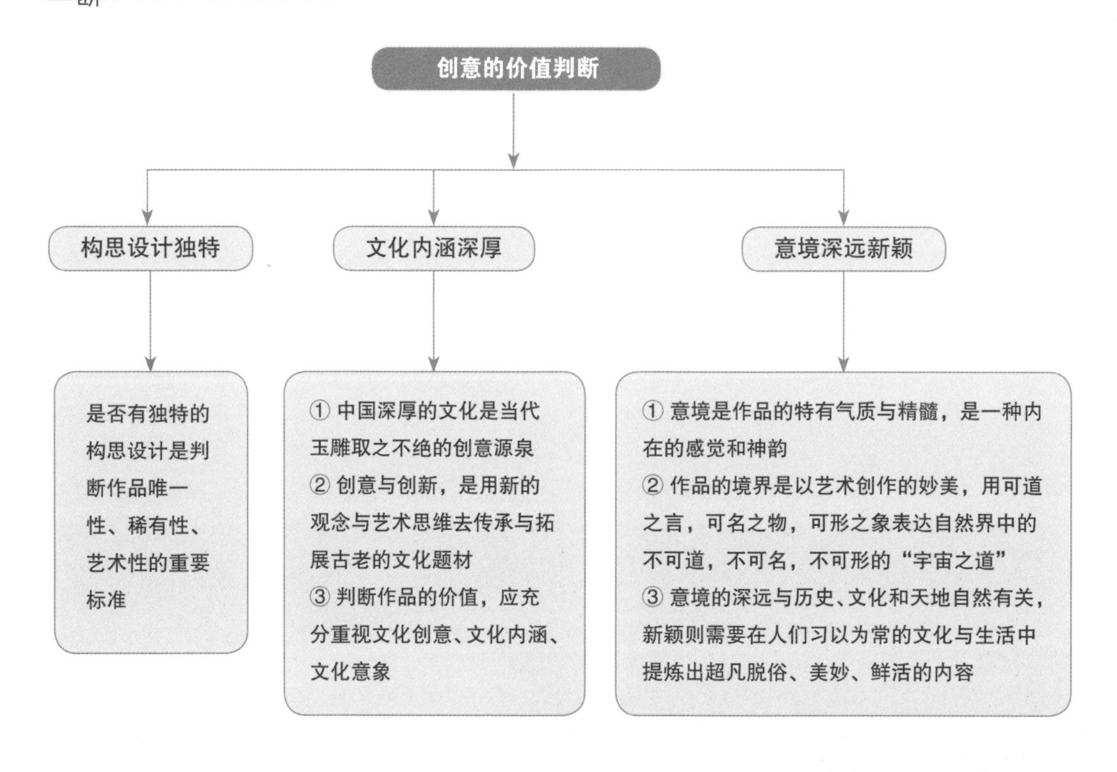

▲ 大师作品　和田碧玉《四季插屏》

▲ 大师作品 《四足双耳兽钮炉》

第三单元
和田玉购买与收藏综合判断

一、市场商品

1. 手工商品

在和田玉专业市场或是在玉器店铺，都陈列摆放着很多手工雕件，有山子雕摆件，观音或佛摆件，或者手把件、牌子。这些都是玉雕师用电动工具手工雕琢的。每一件作品材质不同，颜色各异，题材不同，价值和价格也有差别。虽然市场上充斥着同质化的作品，但每一件手工作品的做法和工艺水平还是有差异的。只要符合市场规律，买家总能选到自己心仪之物。买家出一笔钱买一件和田玉，要求至善至美不太现实，这有一个对天然矿物作品的审美包容度的问题。

2. 机工商品

相比手工作品，各大商场玉器柜台摆放的牌佩类小玉件大部分是机工商品，这主要指电脑雕刻和超声波压制的玉件。在这两类商品中，电脑雕刻的品质高一些，通过后期处理或精细打磨抛光，电脑雕刻的玉件会十分精美，而超声波压制工艺大量运用在小观音和小佛等挂件，是运用模具压制而成，比较粗糙，制作成本很低。

▲ 手工雕刻作品

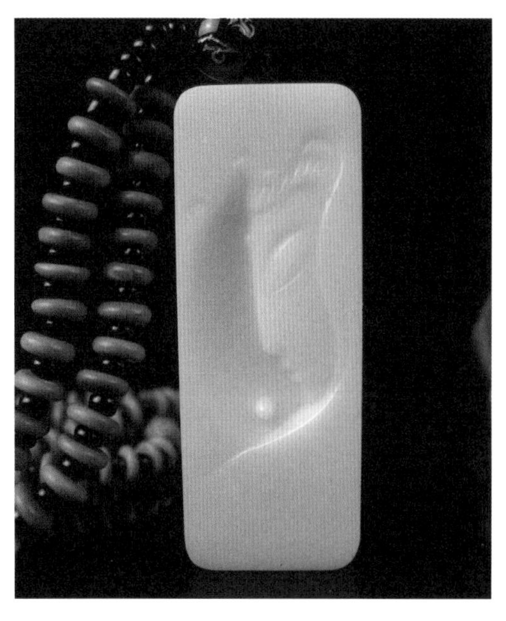

▲ 机器雕刻作品

二、收藏珍品

收藏级别的和田玉精品与市场普通商品不同，这属于两个不同层级，是“阳春白雪”和“下里巴人”的区别，是劳斯莱斯高级轿车和普通桑塔纳轿车的区别。和田玉收藏级精品可分为三个类型：

1. 玉质精品

玉质精品是以优质材料为收藏要素。

两千多年前，孔夫子说言念君子，温其如玉。东汉许慎对美的定义是：玉，石之美。这都是讲和田玉材质的美，优质的玉材必须细腻，必须温润，必须符合国人对美玉的审美标准。

▲ 羊脂玉子料

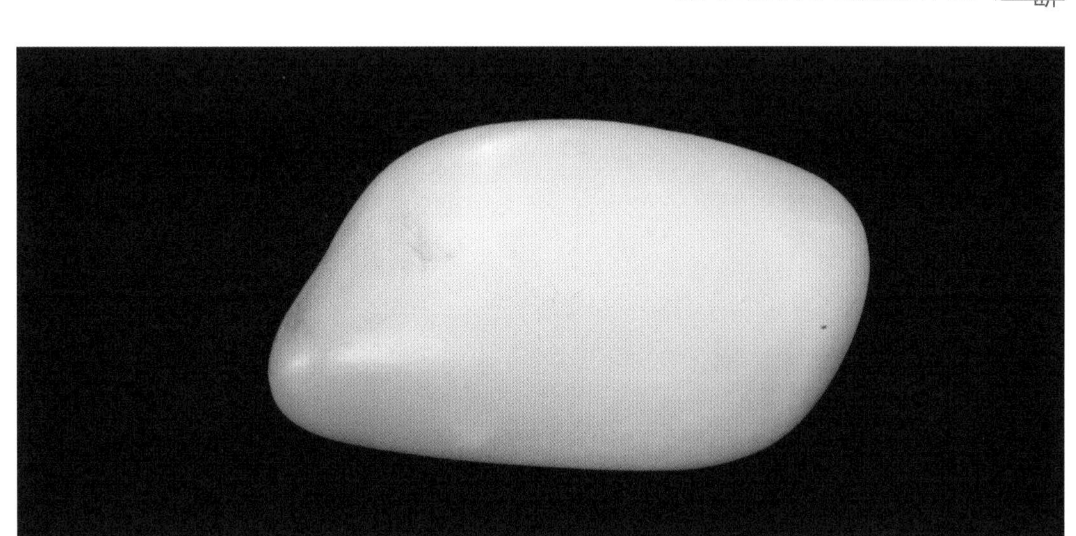

▲ 白玉子料

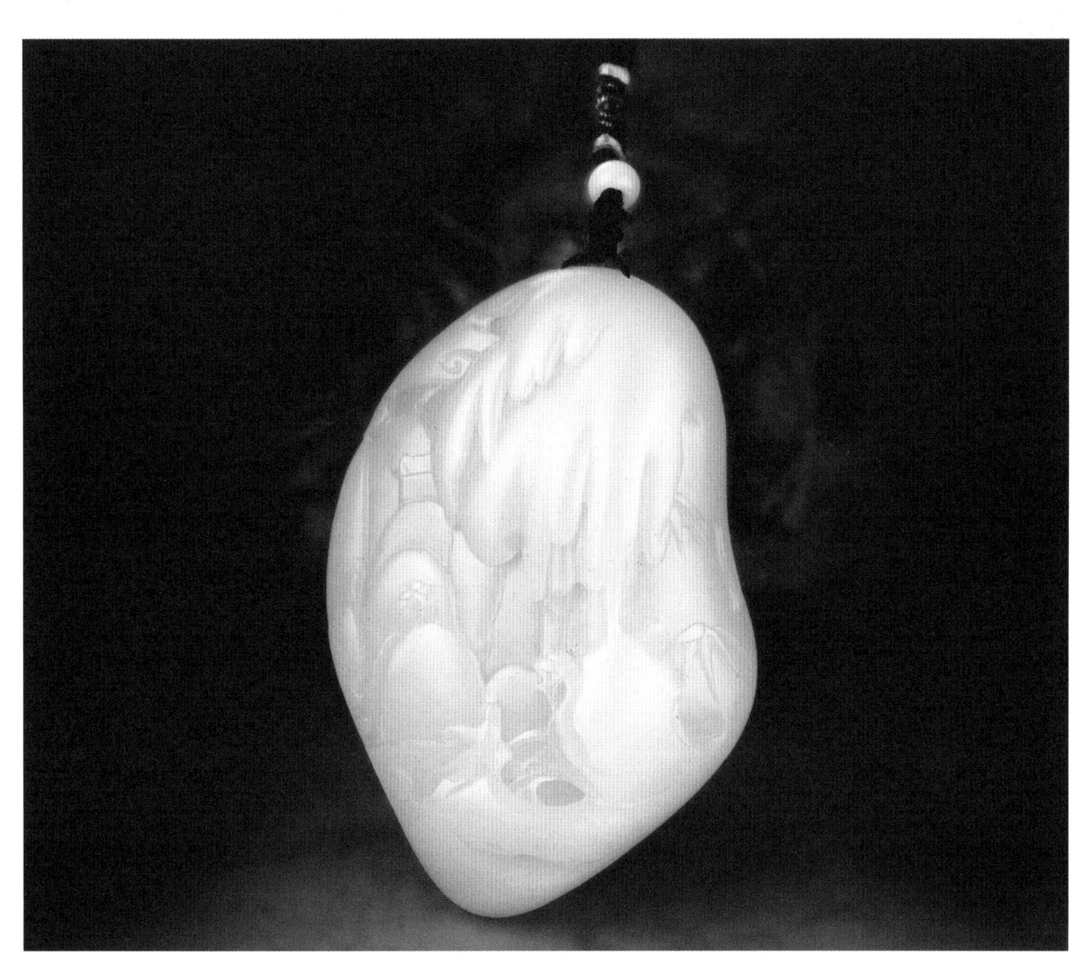

▲ 大师手工作品　和田玉子料《空山新雨》

这就包括内质细、观感润、颜色正、色相美。这样的优质美玉，无需精工雕琢也符合收藏标准，可以传之后世。例如高档手镯、珍稀原石，没有什么复杂工艺或不经雕琢，一件就是几十万元，上百万元，上千万元。

2. 工艺精品

工艺精品是指工艺精美、琢工精湛，以工艺之美构成收藏要素。工艺精品重在雕琢技艺，以扬州、苏州、北京为代表。例如扬州的山子雕、苏州的薄胎玉器、北京的炉瓶，充分表现了中国玉雕师鬼斧神工的技艺之美。

▲ 大师作品 《如意辟邪佩》

▲ 大师作品　和田玉红皮子料《守佑》

▲ 大师金奖作品　和田墨碧玉薄胎《天官炉》

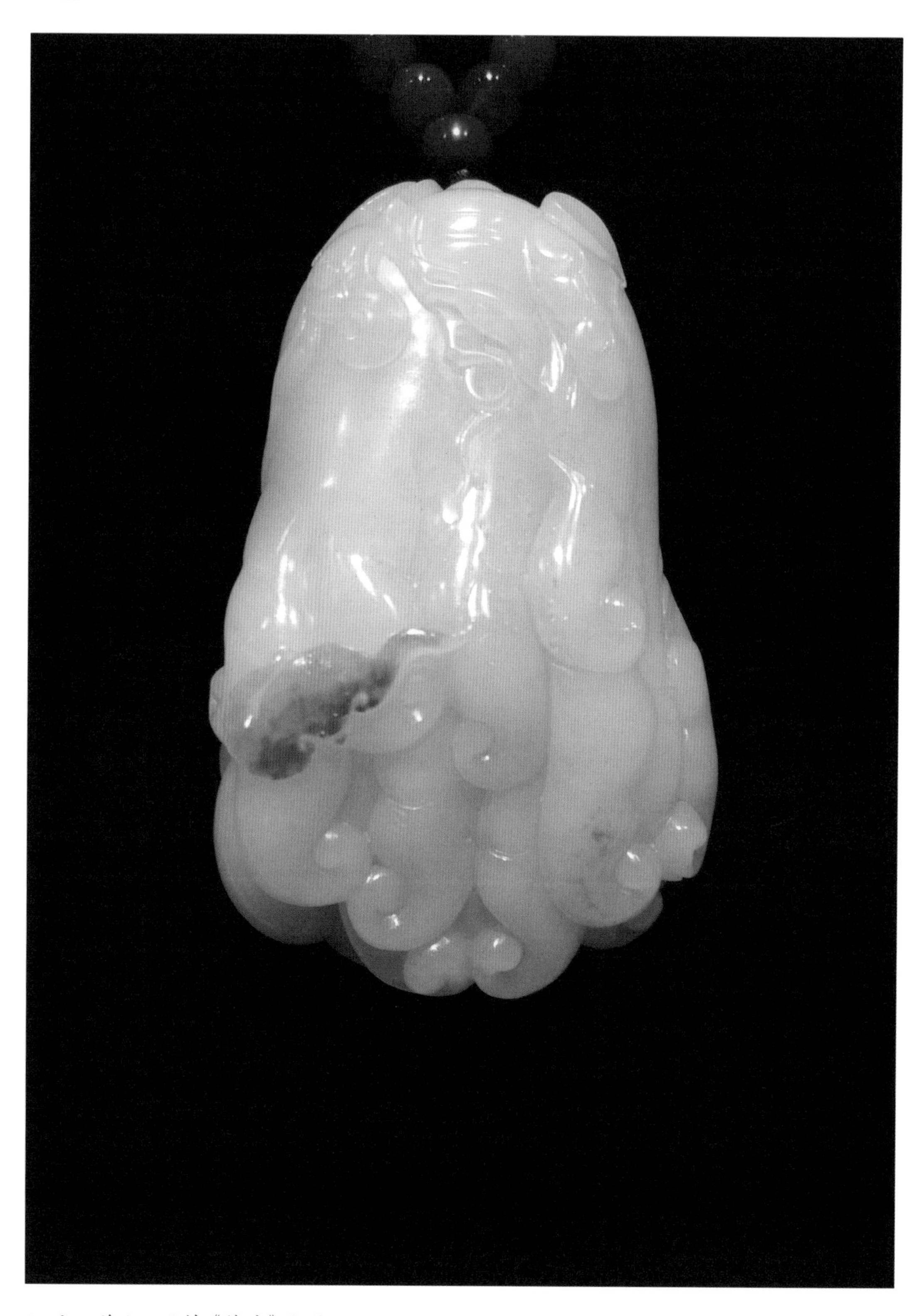

▲ 和田羊脂玉子料《佛手》把件

3. 艺术精品

艺术精品是指工艺＋创意共同构成收藏要素。

艺术精品在海派玉雕中出现的较多。我们都知道，绘画和书法是艺术品，书画作品的载体是纸张，纸张的价值不高，但一幅名画或名家书法可以卖出上百万元，上千万元。它的价值在于艺术创作的价值。

▲ 大师作品 《山居秋暝》

和田玉不同，它材料贵重，历史上讲究精工雕琢不太讲究艺术创造。随着和田玉优质原料的日渐稀少和市场竞争、审美变化等因素，创意提到了玉雕界的议事日程中。创意不同于工艺，工艺是技术，是基本功，材料是基础。创意是艺术家来自心灵的想象力，是一种心灵智慧的积累与爆发，玉雕的创意可以激发传统玉雕市场的活力，它是对传统元素的整合和重组，是新的艺术形式的变化，是新的表现内容的突破。现今拥有优秀创意的玉师很多，例如苏州的杨曦、葛洪；扬州的顾永峻、汪德海；上海的吴德昇、易少勇、崔磊；北京的宋建国、苏然。

▲ 金镶碧玉《如意》挂件

三、购买与收藏的综合因素

1、器型类别

中国玉文化年代久远，从用途来分类，古代玉器一般分为工具、兵器、礼器、葬器、佩饰、实用器、陈设器等类别。

现代到当代对玉器大至分为以下几类：

(1) 摆件

包括了古代的实用器和陈列器，如山子雕、插屏、炉瓶类器皿件、笔筒、砚台等案头玉器。

▲ 大师获奖作品　和田玉子料《飞龙在天》牌

(2) 把件

或称手件，指手头把玩的手抓玉件，通常为原石独子手件或磨制的手件。

(3) 挂件

主要指玉牌、玉坠等。

(4) 佩饰

主要指手镯、项链、手链等。

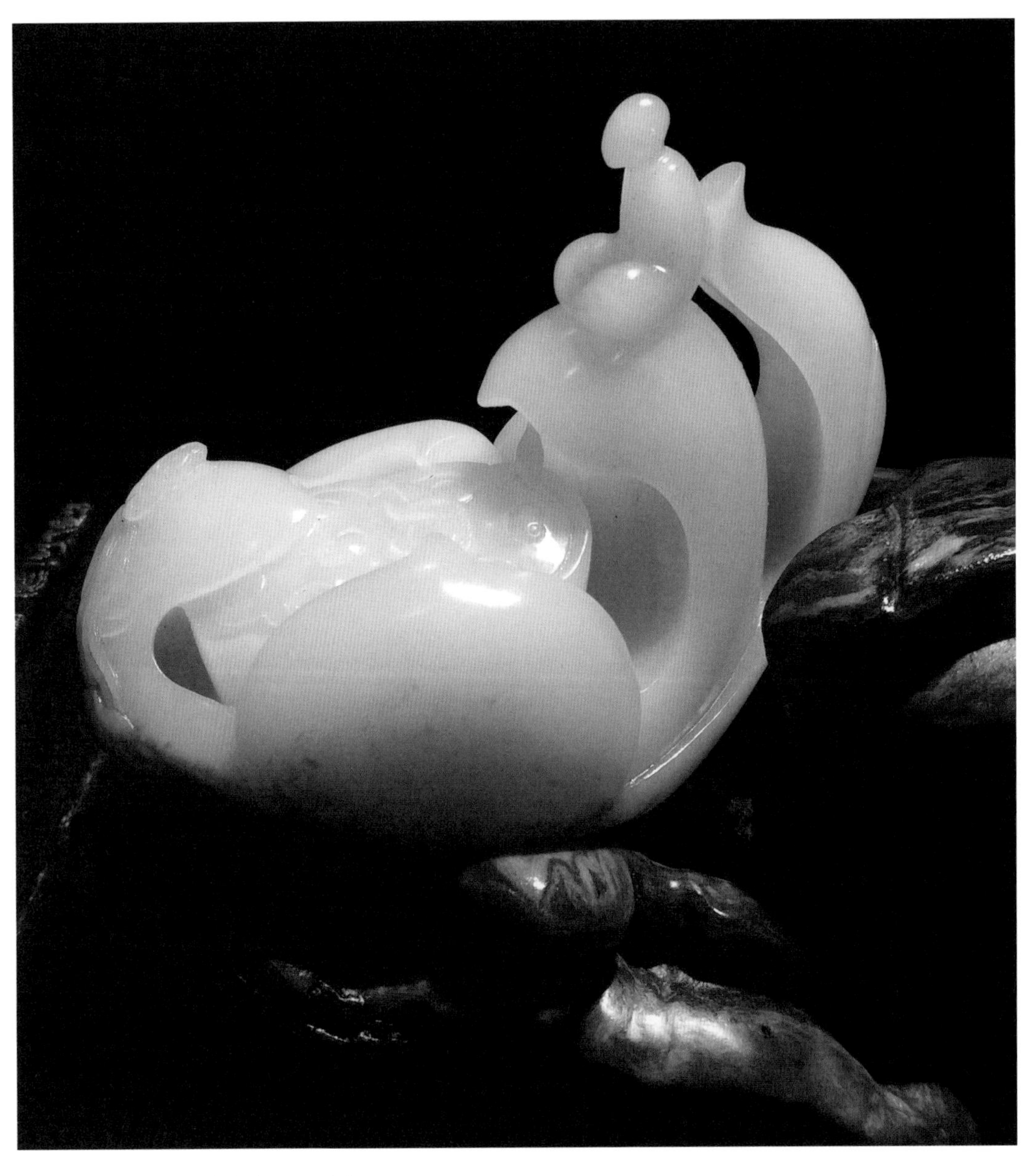

▲ 和田羊脂玉子料《佛韵心香》

(5) 杂项

主要包括印章、小文玩。

(6) 金镶玉

这是近年兴起的新类别，精美玉件镶嵌金银，属于珠宝类的时尚小件。一般以首饰与挂件居多。

▲ 扬州名家作品 《花开富贵》摆件

2. 风格流派

从古到今，玉文化和玉雕技艺在中国的传承源远流长。从新石器时代的红山文化、良渚文化、齐家文化就能看出南北风格的差异。当代玉雕大致可以分为北京、扬州、苏州、上海四大流派。广东的玉雕未详细的归入这四类。新疆、河南的玉雕大致可归入北京一派。这四大流派形成不同的艺术风格，又互相融合，互相借鉴，各具特色。

▲ 和田羊脂玉子料《天地玄黄》佩

3. 题材内容

和田玉属于中国传统文化，过去创作题材的内容多为祈福与避邪两大类，也有一些内容表现山水情怀，如山子雕和一些玉牌。近年时尚吉祥的款型很受欢迎，但和田玉题材的主流仍然是传统文化。观音与佛是永恒的玉雕题材，山水牌子当前出现较多，属于艺术类别，不同于市场上多见的祈福辟邪内容，题材内容的变化与收藏群体的年龄及审美取向变化有关。

4. 流行趋势

流行趋势对和田玉作品的价值影响比较大。过去器皿件属于宫廷与大户人家珍藏的重器，插屏也较多被藏于文人高官的书房。现在把件与牌坠十分流行，原石子料也成了直接收藏品。

金镶玉大受白领女性追捧。新的表现内容和表现方法开始出现，例如观音和佛等心灵系列的作品经久不衰，但表现方式不同。一些名家的佛教人物系列作品专场拍卖总价上亿元，这是以前不可想象的。

▲ 大师作品 《三连印》

5. 作者品牌

收藏者或有经验的买家对普通玉工和资深玉师的作品出价是不同的，对名家与非名家的作品出价是不同的，对一线名家和二线、三线名家的作品出价也是不同的。所以，目前的玉雕产业开始重视玉雕创作的个人品牌。虽然不可迷信作者，最终要以作品说话，但市场重视作者品牌是未来的趋势。

6. 社会传播

在玉雕艺术价值链中，一般来说，我们较多的分析作品本身的价值，即内部价值，如材质、

▲ 大师作品 《道法自然》

雕工、创意等，而社会传播在艺术价值构成中的作用被严重低估。

同样是美的作品，一人说好不如众人都说好。艺术评论家和专业媒体的鉴赏评论等引导十分重要。

7. 购买用途

古代的玉器在神玉时代、王玉时代是通天的神物和上流社会的用品，后多用于礼仪和典藏。雅品作为馈赠之礼是延续上千年的习惯。时至今日，购买和田玉依然是有具体用途的，或为投资，或为私玩，或为珍藏，或为赠送，买家会依用途而定。

▲ 大师作品　和田羊脂玉子料《富贵金蟾》印章

8. 价格评估

这是一个最终的问题，购买大路货和收藏品价格是不同的，购买千篇一律的机工商品和个性化的创意珍品价格是不同的，购买珍品子料和普通山料价格是不同的，购买出自学徒之手，琢工粗劣的商品和名家精美之作价格是不同的，普通小坠和镇宅重器价格是不同的。总之，档次品质不同，价格可相差百倍、千倍。

对和田玉价格的评估，一要看同类作品在市场的价格相异；二要看同品质的作品在市场的价格差异；三要看作品在专业市场或品牌店铺的价格，而不能迷信在街头捡漏。购买和田玉普品时，如果价格不高，喜欢就好，要看自己的审美爱好。购买高等级珍品则需要专业知识，邀请行家一起评估鉴赏。

就珍藏和投资而言，行业里的经验是：只要东西好，贵了还会贵。

▲ 名家作品 《汉风古印》

判断

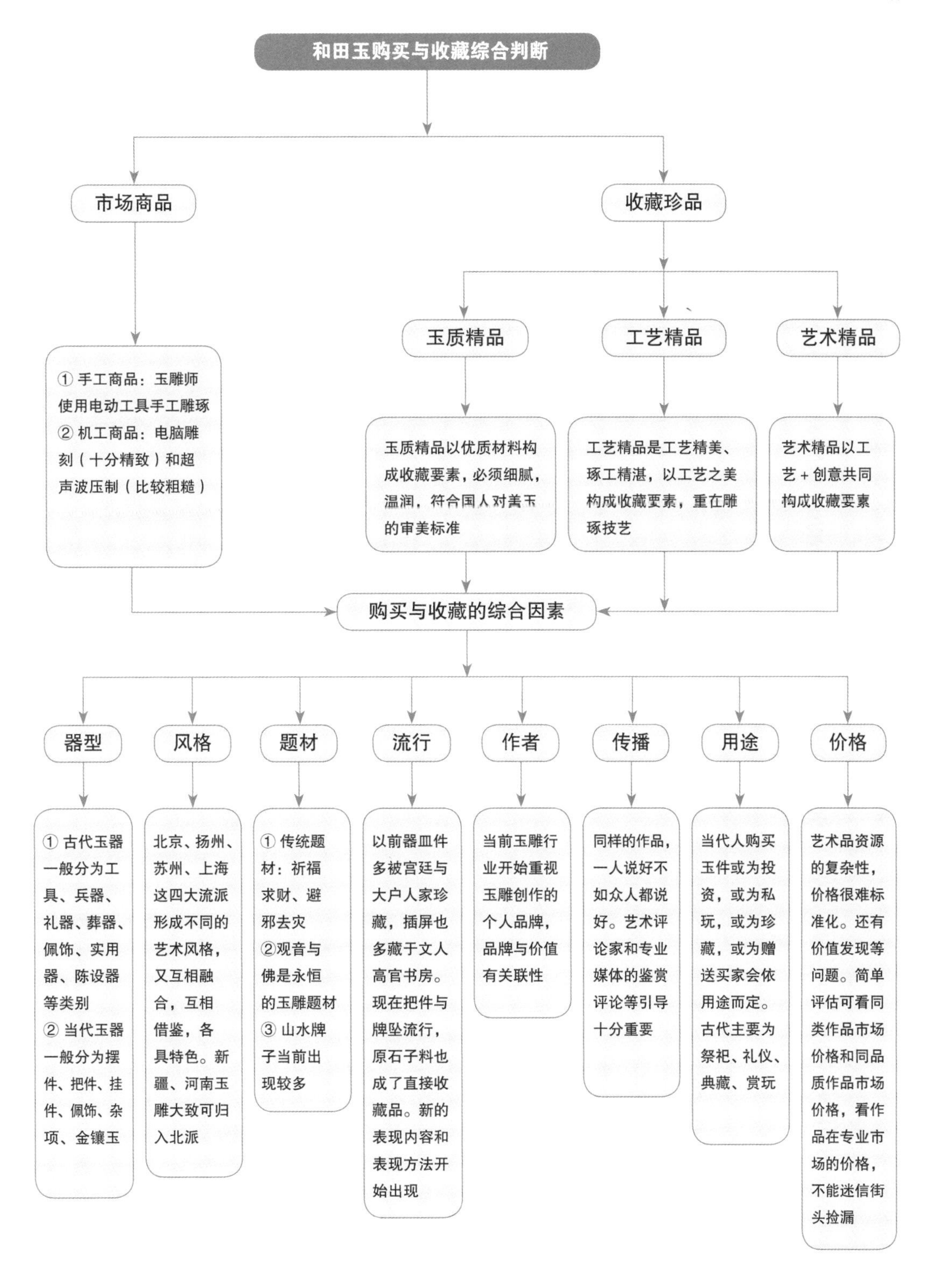
和田玉购买与收藏综合判断
市场商品
收藏珍品
① 手工商品：玉雕师使用电动工具手工雕琢
② 机工商品：电脑雕刻（十分精致）和超声波压制（比较粗糙）
玉质精品
工艺精品
艺术精品
玉质精品以优质材料构成收藏要素，必须细腻，温润，符合国人对美玉的审美标准
工艺精品是工艺精美、琢工精湛，以工艺之美构成收藏要素，重在雕琢技艺
艺术精品以工艺＋创意共同构成收藏要素
购买与收藏的综合因素
器型
风格
题材
流行
作者
传播
用途
价格
① 古代玉器一般分为工具、兵器、礼器、葬器、佩饰、实用器、陈设器等类别
② 当代玉器一般分为摆件、把件、挂件、佩饰、杂项、金镶玉
北京、扬州、苏州、上海这四大流派形成不同的艺术风格，又互相融合，互相借鉴，各具特色。新疆、河南玉雕大致可归入北派
① 传统题材：祈福求财、避邪去灾
②观音与佛是永恒的玉雕题材
③ 山水牌子当前出现较多
以前器皿件多被宫廷与大户人家珍藏，插屏也多藏于文人高官书房。现在把件与牌坠流行，原石子料也成了直接收藏品。新的表现内容和表现方法开始出现
当前玉雕行业开始重视玉雕创作的个人品牌，品牌与价值有关联性
同样的作品，一人说好不如众人都说好。艺术评论家和专业媒体的鉴赏评论等引导十分重要
当代人购买玉件或为投资，或为私玩，或为珍藏，或为赠送买家会依用途而定。古代主要为祭祀、礼仪、典藏、赏玩
艺术品资源的复杂性，价格很难标准化。还有价值发现等问题。简单评估可看同类作品市场价格和同品质作品市场价格，看作品在专业市场的价格，不能迷信街头捡漏

[结语]

长期以来，许多玉友对和田玉的认识大多纠结于真伪之辨，人们经常在疑惑，和田玉是中华民族的宝物，羊脂玉更是人们的“梦中情人”，如今为什么成为市场中的普通商品?

本书对和田玉的历史、玉性、原料、工艺、审美均逐一论述，重点则在分析和田玉的价值构成要素，引导玉友们对和田玉的品质、价值和投资、收藏做出正确的判断，这才是玉友最为关心的问题，亦是收藏和田玉之前需要做好的基础功课。

但愿广大玉友能在阅读本书时有所收获。

跋

本书经过六年时间，不断撰写和修改，即将付梓。

作为长期在和田玉资源地工作的文化学者，我一直关注着中国艺术品市场包括和田玉市场发展变化的进程，并参与其中。这些年来，由于民族的振兴，经济的富裕，国人爱玉之风日盛，赏玉和收藏成为专业人群及普通大众均热衷的话题。然而，当今社会的许多玉友对和田玉的知识并不系统，玉友们在几千年美玉传说的影响下热情投入并非都能获得满意的结果。玉海太深，喜爱而不敢轻易进入，这个问题纠结着众多爱玉人士。

因此，我力求从一个新的角度，系统分析和田玉的知识性问题。在这本书里，有些问题属于对和田玉知识的梳理解析，更多的部分是以自己多年实践经验总结的和田玉审美与收藏观念。

我认为，和田玉的原料价值是极为重要的，它是有别于其他艺术品的关键点。原料价值应从产状、质地、色种、色皮、块重、色相、形态这七个方面来体现，而工艺和创意可以改变和提升原料的价值。因此，玉友们对和田玉的购买和收藏，需要懂得从玉质、工艺、艺术这三个方面进行综合的判断。

本书撰写的过程中，查阅了大量相关资料，新疆地矿资深专家唐延龄老先生和岳蕴辉先生的研究与观点为本书提供了有益的帮助。中国著名玉文化学者、北京故宫博物馆原副院长杨伯达老先生的观点有益于理清本书的若干历史脉络。本书的标本和作品大部分来自新疆历代和阗玉博物馆，这些标本和作品图片将帮助读者对文中内容快速理解。

当然，本书的观点和分析方法是个人的一己之见，可能存在不严谨之处。在此，诚挚希望读者提出批评指正意见。

池宝嘉

2011 年初稿于天山之麓乌鲁木齐水塔山庄

2017 年 3 月定稿于乌鲁木齐红光山绿城百合公寓琳琅书坊

中国和田玉价值评估指标图

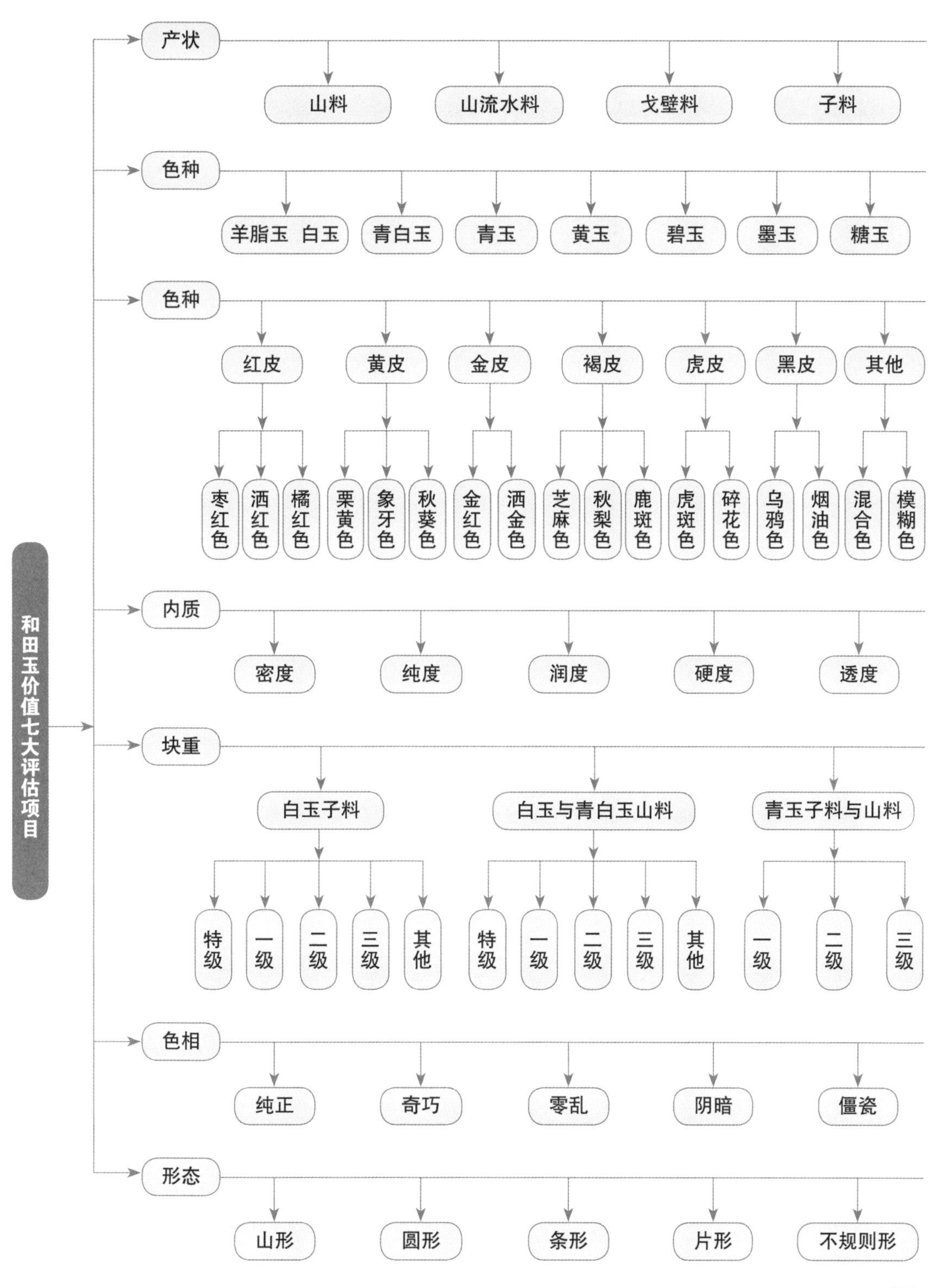

图书在版编目（CIP）数据

判断 / 池宝嘉著 . ——北京：北京工艺美术出版社，
2018.10
ISBN 978-7-5140-1586-7

Ⅰ . ①判 ... Ⅱ . ①池 ... Ⅲ . ①玉石—文化研究—中国
Ⅳ . ① TS933.21

中国版本图书馆 CIP 数据核字 (2018) 第 203376 号

出 版 人：陈高潮
责任编辑：梁　瑶
责任印制：宋朝晖

判断

池宝嘉　著

出版：北京工艺美术出版社
发行：北京美联京工图书有限公司
地址：北京市朝阳区化工路甲 18 号
中国北京出版创意产业基地先导区
邮编：100124
电话：（010）84255105（总编室）
（010）64283630（编辑室）
（010）64280045（发行）
传真：（010）64280045/84255105
网址：www.gmcbs.cn
经销：全国新华书店
印刷：北京世纪恒宇印刷有限公司
开本：787mm × 1092mm 1/16
印张：11
版次：2018 年 10 月第 1 版
印次：2018 年 10 月第 1 次印刷
书号：ISBN 978-7-5140-1586-7
定价：180.00 元